Hansjörg Haas

PFLANZEN SCHNITT

SO EINFACH GEHT'S!

/

Schnittanleitungen für alle Gartenpflanzen, Obst- und Ziergehölze

/

Illustrationen von Heidi Janiček
Über 130 Farbfotos von Ursel Borstell, Hansjörg Haas, Marion Nickig, Hans Reinhard, Jutta Schneider/Michael Will, Friedrich Strauß und anderen bekannten Gartenfotografen

/ KNOW-HOW FÜR DEN PFLANZENSCHNITT

/ PFLANZEN RICHTIG SCHNEIDEN

KNOW-HOW FÜR DEN PFLANZEN SCHNITT

/

Frei wachsende und formale Gehölze bringen Spannung in den Garten. Ein regelmäßiger Schnitt erhält sie.

BOTANISCHE GRUNDLAGEN

Der richtige Schnitt hält Bäume und Sträucher in Form, fördert die Blüten- und Fruchtbildung und führt zu einem harmonischen Gartenbild.

Pflanzen schneiden ist für jeden Gärtner ein wichtiges Thema. Egal, ob es sich um einen Strauch, einen Baum, ein Obstgehölz, um Rosen oder Stauden handelt: Fast jede Gartenpflanze braucht irgendwann einmal einen Schnitt. Wer versteht, wie Pflanzen wachsen (Seite 12/13) und wie sie auf einen Schnitt reagieren, der weiß, wie und wann z. B. ein Apfelbaum geschnitten werden muss, um reiche Ernte zu bringen.

Der Schnitt prägt die Pflanzen

Mit jedem Schnitt greifen Sie aktiv in das Wachstum einer Pflanze ein. Sie können durch ihn bei der Pflanze sogar ganz bestimmte Reaktionen hervorrufen:

- Der Schnitt kann den Wuchs einer Pflanze gezielt fördern oder, wenn sie für den ihr zugewiesenen Platz zu groß wird, bremsen.
- Sie können mit dem Schnitt z. B. bei Ziersträuchern die Bildung von Blütentrieben anregen. Bei Ihren Rosen kann der Schnitt kräftiges Wachstum und gute Gesundheit bewirken.
- Ein Schnitt kann die Bildung neuer Triebe auslösen, die bei manchen Pflanzen wie dem Hartriegel besonders schön gefärbte Rinde besitzen oder wie beim Rotblättrigen Perückenstrauch dekorative rote Blätter tragen.

Durch Schnitt gestalten

Der Schnitt ist auch ein wichtiges Gestaltungsmittel. Mit seiner Hilfe können Sie Pflanzen zu der von Ihnen gewünschten Funktion erziehen:

- Eiben, die als dichte Hecke einen Sichtschutz bieten sollen, brauchen einen anderen Schnitt als eine einzelne Eibe, die als markante Säule im Garten zum Blickfang wird.
- Buchspflanzen als Beeteinfassung werden anders geschnitten als ein Buchs, der zu einer Formschnittfigur wie einer Spirale erzogen wird.
- An Bögen oder an Rankgittern gezogene Kletterpflanzen werden zu perfekten Raumteilern für den Garten.
- Manchmal erfüllen Pflanzen auch mehrere Funktionen zugleich. Ein Kirschbaum liefert z.B. Blüten und Kirschen, spendet Schatten und prägt zudem den ganzen Garten.

Wie wachsen Pflanzen?

Pflanzen bestehen aus unterirdischen Organen wie Wurzeln und aus oberirdischen Organen wie Trieben und Blättern. Alle Organe erfüllen eine bestimmte Funktion und sind voneinander abhängig.

- Die Blätter sind das Kraftwerk der Pflanze. In ihnen findet die Fotosynthese statt: Mithilfe von Sonnenlicht, Wasser und Kohlendioxid bildet die Pflanze Zucker und Stärke.
- Diese Reservestoffe ermöglichen das Wachstum von Trieben und Wurzeln sowie die Ausbildung von Knospen.
- Die meisten Pflanzen benötigen viel Sonne, andere sind an geringere Lichtmengen angepasst. Um Triebe und Blätter optimal zur Energiegewinnung zu nutzen, richten Pflanzen ihre Blätter zum Licht hin aus. Gehölze an Hauswänden wachsen stets von der Wand weg. Auch wenn Sie die Pflanze durch den Schnitt zur Hauswand hin erziehen, strebt sie immer wieder zum Licht.

Längenwachstum und Knospenbildung

Im Frühjahr treiben die Knospen aus. Man unterscheidet zwischen den rundlichen Blüten- und den schlanken Triebknospen. Frühjahrsblüher haben ihre Blütenknospen schon im Vorjahr angelegt, Sommerblüher haben dagegen im Vorjahr nur Triebknospen gebildet. Ihre Blütenanlagen entwickeln sich erst vor der Blüte. Die Triebknospen aller Gehölze wachsen in die Länge, sie entwickeln sich zu Trieben, an denen Blätter und neue Knospen entstehen. Dieses Längenwachstum erfolgt ausschließlich im ersten Jahr. Ab dem zweiten Jahr werden die Triebe nur noch dicker und bilden junge Seitentriebe.

Ein Teil der Gehölze, wie zum Beispiel Rosen oder Sommerflieder, wachsen bis in den Herbst hinein. Etliche Pflanzen stellen ihr Wachstum jedoch bereits im Frühsommer wieder ein. Sie verwenden dann all ihre Energie, um die Knospen für das kommende Jahr zu kräftigen.

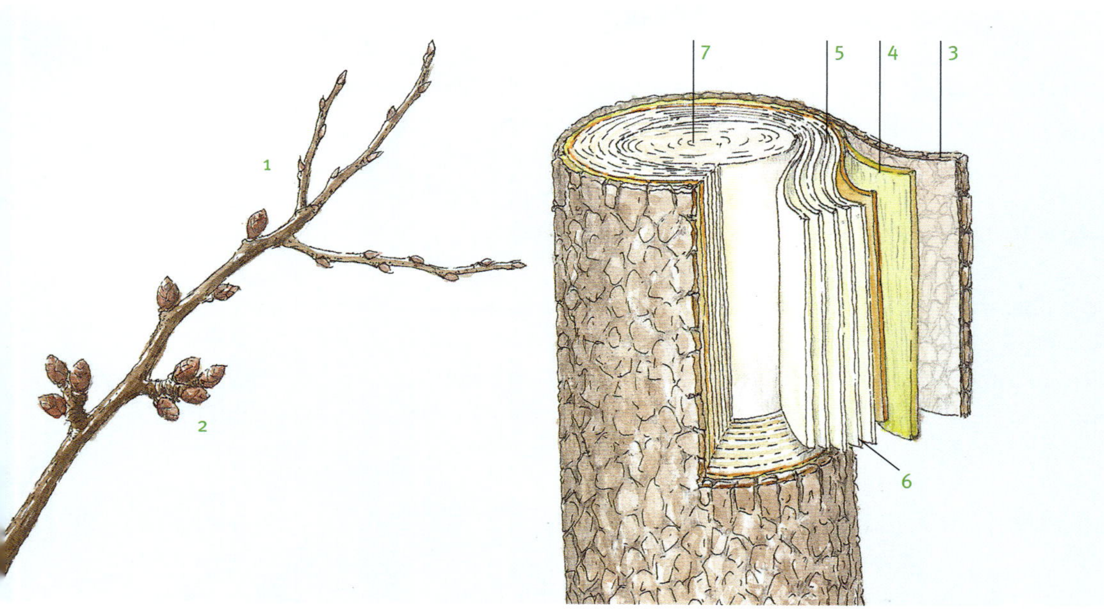

Die verschiedenen Knospenformen und ein Querschnitt durch einen Trieb: 1 Blattknospe, 2 Blütenknospe, 3 Rinde, 4 Bastteil, 5 Kambium, 6 Splintholz, 7 Kernholz.

Dickenwachstum und Wundheilung

Größere Pflanzen wie Gehölze haben stabile, verholzte Pflanzenteile, die ihnen als Gerüst dienen. In diesen Ästen und Zweigen fließen die sogenannten Saftströme. Sie transportieren Reservestoffe aus der Wurzel zu den Trieben bzw. neu gebildete Nährstoffe von den Blättern zur Wurzel. Diese Ströme begegnen sich nicht, sondern fließen in zwei unterschiedlichen Schichten. Gebildet werden diese Schichten vom Kambium, einer dünnen Schicht teilungsfähiger Zellen, die zwischen Rinde und Holz liegt. Es ist für das Dickenwachstum und die Wundheilung zuständig.

- Nach innen bildet das Kambium Splintholz, in dem der aufsteigende Saftstrom mit den Nährstoffen fließt und die Triebe versorgt. Aus dem Splintholz entsteht später Kernholz, das ausschließlich Gerüstfunktion hat.
- Nach außen bildet das Kambium den Bastteil. In ihm strömen die neu gebildeten Nährstoffe von den Blättern in die Wurzel und dienen als Reserve für das nächste Frühjahr. Aus den älteren Bastschichten entsteht die Rinde, die Triebe und Stamm schützt.
- Wird das Holz verletzt, schließt das Kambium die Wunde von den Rändern her. Um die Verletzung bildet sich ein kreisförmiger Wulst, der nach innen wächst. Große Wunden brauchen mehrere Jahre, um sich zu schließen.

Die Wurzel und die Krone von Gehölzen stehen in enger Beziehung zueinander, sie bilden ein Gleichgewicht.

Krone und Wurzel

Die Wurzel ist das Gegenstück zu Krone und Blättern. Sie speichert Stärke und Zucker, die in den Blättern gebildet werden. Außerdem nimmt sie Wasser und Nährstoffe aus dem Boden auf und leitet sie an die oberirdischen Pflanzenteile weiter. Im Frühjahr, vor dem Austrieb der Blätter, leitet die Wurzel einen zucker- und nährstoffhaltigen Saftstrom in die Triebe, die nun wieder zu wachsen beginnen.

Schneiden Sie Gehölze im Frühjahr, tropft der Saftstrom aus den Schnittstellen. Erscheinen die ersten Blätter, lässt der Druck des Saftstroms nach, weil die Blätter Wasser verdunsten. Es entsteht ein Sog, der die Wasseraufnahme durch die Wurzeln und den Transport in der Pflanze verursacht.

- Durch einen Schnitt im Frühjahr wird außerdem ein Teil der Knospen entfernt. Dieselbe Menge Reservestoffe verteilt sich nun auf die verbliebenen Knospen. Diese bilden längere und stärkere Triebe, weil sie mehr Nährstoffe bekommen. Ein Frühjahrsschnitt regt die Pflanze also zu einem kräftigeren Austrieb an.
  Aber, Vorsicht: Entfernen Sie zu viele Triebe und damit Knospen, entsteht ein Ungleichgewicht zwischen der Wurzel, die ja gleich groß bleibt, und der verkleinerten Krone. Die Pflanze bildet nur wenige, zu lange und instabile Triebe. Es dauert oft zwei oder drei Jahre, bis Wurzel und Krone wieder im Gleichgewicht zueinander stehen.
- Anders wirkt ein Sommerschnitt: Mit ihm entfernen Sie Blätter. Als Folge davon werden weniger Reservestoffe für den Winter gebildet und in die Wurzel eingelagert. Der Austrieb im Frühjahr wird deshalb schwächer sein.

Es hängt also vom Schnittzeitpunkt ab, ob Sie die Pflanze durch einen Schnitt im Wachstum anregen oder beruhigen.

Das Fundament der Pflanze: die Wurzel

Wurzeln versorgen die Pflanze nicht nur mit Nährstoffen, sondern verankern sie auch fest im Boden. Manche Pflanzen wurzeln sehr tief, vorausgesetzt, der Boden ist gut durchlüftet. In schweren, nassen Böden mit wenig Luft bleiben die Wurzeln vieler Gehölze jedoch nah an der Erdoberfläche.

Jeder Teil der Wurzel versorgt einen bestimmten Teil der Krone mit Wasser und Nährstoffen und wird umgekehrt von diesem Teil der Krone mit Reservestoffen beliefert. Wird dieser Wurzelteil etwa bei Baumaßnahmen verletzt oder entfernt, kümmert der entsprechende Kronenteil erst einmal. Ist der Verlust nicht zu groß, übernehmen mit der Zeit andere Wurzeln die Funktion.

Eine verletzte Wurzel ist aber immer ein Angriffspunkt für Pilzkrankheiten. Das verkürzt nicht nur die Lebensdauer, sondern ist bei Bäumen auch eine Gefahr für die Standsicherheit.

Veredelte Pflanzen

Viele Obst- und Ziergehölze bestehen aus zwei Sorten der gleichen Pflanzenart oder zweier verschiedener Arten. Der oberirdische Teil stammt von einer Pflanze, die beispielsweise besonders schöne Blüten oder qualitativ hochwertige Früchte liefert. Man nennt sie Edelsorte. Der Wurzelstock, die »Unterlage«, stammt dagegen von einer Sorte, die etwa besonders widerstandsfähig gegen Krankheiten ist. Auf sie wird eine Knospe oder ein Triebstück der Edelsorte aufgesetzt. Diesen Vorgang nennt man »Veredeln«. Durch Veredeln verschafft der Gärtner Sorten, die keine starken Wurzeln bilden, einen kräftigen Wurzelstock. Und umgekehrt fördert die Wuchsstärke des Wurzelstocks das Wachstum der oberirdischen Edelsorte.

VEREDLUNGSSTELLE BEI ROSEN
Bei Rosen soll die Veredlungsstelle in der Erde liegen, sonst erfrieren die Pflanzen im Winter leicht.

Damit eine Veredlung gelingt, müssen die beiden Pflanzenpartner nahe miteinander verwandt sein. Man kann einen Apfel mit einem Apfel veredeln, nicht aber mit einer Kirsche. Eine Birne wächst zwar auf dem Wurzelstock einer Quitte, die Quitte umgekehrt aber nicht auf der Birne. Warum das so ist, weiß man nicht genau. Außerdem müssen, damit beide Pflanzen zusammenwachsen können, ihre Kambien (Seite 12) direkt übereinanderliegen.

Veredlungsstellen bleiben oft der schwächste Punkt eines Gehölzes. Und solche Gehölze sind nicht so stabil wie unveredelte Pflanzen. Bei Rosen erfriert z. B. zuerst die Veredlungsstelle, bei Bäumen ist die Gefahr von Windbruch an der Veredlungsstelle am größten. Die Veredlungsstelle muss beim Pflanzen immer über der Erdoberfläche bleiben. Liegt sie in der Erde, bildet die Edelsorte eigene Wurzeln. Die Unterlage stirbt nach einigen Jahren ab, und die erwünschte Wuchskraft geht schließlich verloren.

Eine Ausnahme bilden die Rosen: Bei ihnen pflanzen Sie die Veredlungsstelle zum Schutz vor Austrocknung und Frost immer unter die Erde.

Die richtige Unterlage

Ziergehölze und Rosen sind meist auf kräftig wachsende Wurzelstöcke veredelt. In der Baumschule können

An der Veredlungsstelle sind die Partner verwachsen. Wächst ein Teil stärker, ist sie als Verdickung zu erkennen.

Sie zwar unterschiedliche Sorten wählen, die Unterlagen stehen aber meist fest.
Bei Obstgehölzen ist das anders. Es gibt nicht nur ein großes Angebot verschiedener Sorten, auch die Unterlagen umfassen ein breites Spektrum. Je nach Unterlage wächst das Obstgehölz als Hochstamm oder als kleiner Spindelbaum. Haben Sie nur wenig Platz, kann es sinnvoller sein, zwei kleine Bäumchen mit verschiedenen Sorten zu pflanzen als einen großen Baum.
Die Wahl der Unterlage ist bei Obstgehölzen auch deswegen besonders wichtig, weil sie über den gesetzlich festgelegten Grenzabstand entscheidet: Stark wachsende Unterlagen wie Hochstämme brauchen 80–120 m^2 Platz, mittelstark wachsende wie Halbstämme 20–80 m^2 und schwach wachsende wie Spindelbüsche oder Spaliere 4–16 m^2. Informationen über die gesetzlich vorgeschriebenen Grenzabstände bekommen Sie bei Gartenbauvereinen und Landwirtschaftsämtern.

Wildtriebe erkennen

Entwickelt die Wurzel mehr Kraft, als die Edelsorte aufnehmen kann, treibt sie unterhalb der Veredlungsstelle eigene Triebe. Diese Triebe nennt man Wildtriebe. Entfernen Sie sie einfach direkt am Stamm. Wildtriebe, die aus der Erde kommen, reißen Sie im Sommer so tief wie möglich aus. Wenn Sie diese Triebe nur bodeneben abschneiden, wird ihr Wachstum noch mehr angeregt. Im Sommer sind die Triebe noch weich, sie lassen sich gut abreißen, und die Wunden an der Wurzel heilen noch im selben Jahr.
Die Wildtriebe mancher Pflanzen erkennen Sie auf einen Blick: Bei der Korkenzieherhasel beispielsweise sind sie gerade und nicht gekrümmt. Bei anderen Pflanzen unterscheiden sich die Blätter der Unterlage und der Edelsorte voneinander, wie etwa bei Zierkirschen oder bei Rosen.

Blütenknospen und Triebformen

KURZINFORMATION
WO BILDEN ZIER- UND OBSTGEHÖLZE BLÜTEN UND FRÜCHTE?

VORWIEGEND AM DIESJÄHRIGEN TRIEB
Clematis (nur im Hochsommer blühende), Fünffingerstrauch, Hibiskus, Johanniskraut, Lavendel, Rispenhortensie, Rosen (öfter blühende), Sommerflieder, Spiräen (im Sommer blühende)

VORWIEGEND AM EINJÄHRIGEN TRIEB
Clematis (alle anderen), Deutzie, Erika (winter- und frühjahrsblühende), Flieder, Forsythie, Hortensien (die meisten), Mandelbäumchen, Rhododendron, Rosen (Wildrosen, viele einmal blühende), Schneeball, Spiräe (frühjahrsblühende), Weide, Weigelie; Himbeere, Johannisbeere (schwarz), Kiwi, Pfirsich, Sauerkirsche, Weinrebe

VORWIEGEND AM ZWEIJÄHRIGEN TRIEB
Scheinquitte, Zierapfel; Apfel, Birne, Zwetschge, Johannisbeere (rot, weiß)

AUCH AN ÄLTEREN TRIEBEN
Hartriegel, Goldregen, Kletterhortensie, Perückenstrauch, Zaubernuss, Zierkirsche; Haselnuss, Süßkirsche

Bildung der Blütenknospen und Auswirkungen auf den Schnitt

- Manche Gehölze legen ihre Blütenknospen im Vorjahr ihrer Blüte an. Dazu gehören die meisten Gehölze, die im Frühjahr blühen, bevor das Wachstum der Triebe einsetzt – dies ist eben nur möglich, weil schon Blütenknospen vorhanden sind. Zu ihnen zählen z. B. Forsythien und Spiräen. Sie schneidet man nach der Blüte, weil man bei einem Schnitt vor der Blüte die Blütenknospen entfernen würde. Forsythien und Spiräen bilden ihre Blütenknospen am ganzen einjährigen Trieb. Zweck des Schnittes ist es, die Bildung solcher Triebe zu fördern, denn alternde Triebe werden kürzer und blühen weniger. Kornelkirsche (1) oder Kirsche (2) blühen auch an älteren, kurzen Trieben, man schneidet sie deshalb weniger stark. Flieder (3) blüht vor allem an der Spitze einjähriger Triebe.
- Bei manchen Gehölzen überwintern nur die Triebknospen. Sie bilden ihre Blütenanlagen erst im Frühjahr an den neu wachsenden Trieben und blühen im Sommer. Man schneidet sie vor der Blüte im Spätwinter oder zeitigen Frühjahr. Hibiskus (4) blüht am ganzen Trieb, Sommerflieder (5) an der Spitze junger Triebe. Beide brauchen einen starken Schnitt, der die Bildung neu wachsender Triebe fördert.

▸ Die Wahl des Schnitt-Zeitpunkts: Seite 24/25

Manche Gehölze entwickeln ihre Blütenknospen im Jahr vor der Blüte und blühen im zeitigen Frühjahr. Andere bilden sie direkt vor ihrer Blüte im Sommer. Manche blühen an Kurztrieben, andere an Langtrieben.

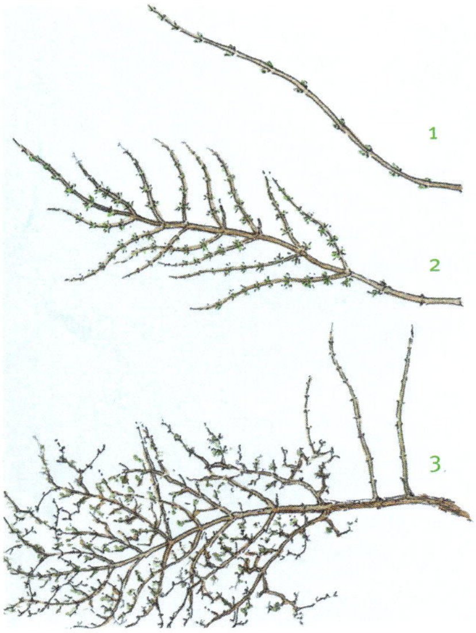

Das Alter der Triebe

Pflanzen bilden ihre Blüten an unterschiedlich alten Trieben. Vom **diesjährigen** Trieb spricht man, solange er wächst. Ist im Herbst das Wachstum beendet, gilt er bereits als **einjähriger** (1) Trieb. Er ist zwar noch kein ganzes Jahr, aber schon eine Wachstumsperiode alt. Zum Ende des zweiten Sommers gilt dieser Trieb als **zweijährig** und besitzt einjährige Seitentriebe (2). Die Verzweigungen setzen sich jedes Jahr fort, der Trieb altert. Sagt man, dass ein Gehölz auch am **alten Holz** blüht, meint man damit Triebe, die schon älter als drei Jahre sind (3).

Langtriebe und Kurztriebe

Bäume und etliche Sträucher bauen ein langlebiges Gerüst aus wenigen kräftigen Ästen aus. Ein Ast – bei Bäumen ist es die Stammverlängerung – bildet die Mitte. Diese Äste verzweigen sich in immer dünnere Triebe. Man nennt sie Kurztriebe, an ihnen entstehen Blüten und Früchte. Die wenigen Gerüstäste und die zahlreicheren, schwächeren Seitentriebe bilden ein Gleichgewicht, das Gehölz wirkt harmonisch. An den Gerüst- und Seitentrieben wachsen aber auch steile Langtriebe. Alle Langtriebe, die in das Bauminnere wachsen, werden entfernt. Sie bilden kaum Blüten und konkurrieren mit den Gerüstästen.

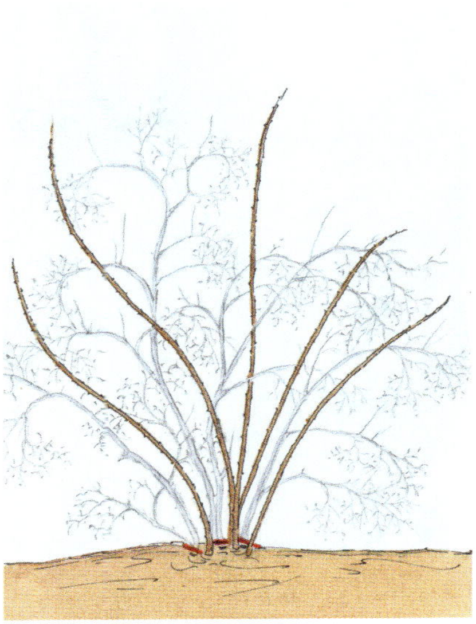

Langtriebe erwünscht

Bei einigen Sträuchern wie der Spiräe sind viele neue Langtriebe jedoch erwünscht. Solche Sträucher bauen kein langlebiges Gerüst auf. Ihre Triebe vergreisen nach einigen Jahren, hängen zu Boden und bilden dann Kurztriebe mit nur wenigen Blüten. Im Inneren des Strauches wachsen jedoch direkt aus der Erde neue Langtriebe. Diese neu gebildeten Langtriebe lässt man stehen und entfernt die älteren. Dadurch wird die Pflanze ständig verjüngt. Ein Beispiel dafür ist auch die Himbeere: Ihre Ruten sterben nach zwei Jahren meist ab, und nur die jungen Langtriebe bleiben grün und fruchten im nächsten Jahr.

Wuchsformen: vom Strauch zum Baum

ÄHNLICH WACHSEN:

Deutscher Name	Botanischer Name
Schösslingssträucher	
Ballhortensie	*Hydrangea macrophylla*
Himbeere/ Brombeere	*Rubus*-Arten und -Sorten
Ranunkelstrauch	*Kerria japonica*
Scheinquitte	*Chaenomeles*
Spiräen und Ähnliche	
Berberitze	*Berberis*-Arten
Besenginster	*Cytisus*-Arten
Deutzie	*Deutzia*-Arten
Falscher Jasmin	*Philadelphus*-Arten
Forsythie	*Forsythia*-Arten
Fünffingerstrauch	*Potentilla fruticosa*
Johannis-/Stachel-beere	*Ribes*-Arten und -Sorten
Liguster	*Ligustrum*-Arten
Weigelie	*Weigela*-Arten
Felsenbirne und Ähnliche	
Blutpflaume	*Prunus cerasifera*
Feuerdorn	*Pyracantha*-Sorten
Gewürzstrauch	*Calycanthus floridus*
Haselnuss	*Corylus avellana*
Hibiskus	*Hibiscus syriacus*
Schönfrucht	*Callicarpa bodinieri*
Strauchhortensien	*Hydrangea quercifolia, H. sargentiana*
Schneeball	*Viburnum*-Arten
Zaubernuss und Ähnliche	
Apfel/Zierapfel	*Malus*-Arten und -Sorten
Birne	*Pyrus communis*-Sorten
Blumen-Hartriegel	*Cornus florida*
Flieder	*Syringa vulgaris*-Sorten
Goldregen	*Laburnum anagyroides*
Judasbaum	*Cercis siliquastrum*
Korkspindelstrauch	*Euonymus alatus*
Kornelkirsche	*Cornus mas*
Lorbeerkirsche	*Prunus laurocerasus*
Magnolie	*Magnolia*-Arten
Rhododendron	*Rhododendron*-Arten
Baumartige	
Ahorn	*Acer*-Arten
Birke	*Betula*-Arten
Eberesche	*Sorbus aucuparia*
Hainbuche	*Carpinus betulus*
Linde	*Tilia*-Arten
Süßkirsche	*Prunus avium*-Sorten

Schösslingssträucher

Diese Sträucher bauen kein Gerüst auf, sondern bilden aus der Erde viele junge Schösslinge. Zu ihnen gehören Ranunkelstrauch (Abb.), Himbeere und Brombeere. Die langen einjährigen Triebe sind unverzweigt, bilden im zweiten Jahr Seitentriebe und blühen meist an diesen. Die Triebe sind kurzlebig, vergreisen sehr schnell und sterben ab. Schneidet man solche Sträucher nicht, bildet sich ein Dickicht aus lebenden und toten Ruten. Nach dem Schnitt bleiben nur einjährige (Himbeere) oder ein- und zweijährige Ruten (Ranunkelstrauch) stehen – je nachdem, ob sie nur an ein- oder auch an zweijährigen Trieben blühen.

► Schnitt des Ranunkelstrauchs: Seite 47
► Schnitt der Himbeere: Seite 126

Spiräen und Ähnliche

Spiräen bilden ebenfalls Jungtriebe an der Basis, entwickeln aber ein schwaches Gerüst, bei dem der einzelne Trieb einige Jahre alt werden kann. Aber auch weiter oben im Strauch bilden sich Neutriebe. Der einzelne Ast wird im Lauf der Zeit dicker und verzweigt sich. Sträucher, die zu dieser Gruppe zählen, bilden ohne Schnitt besenartige Köpfe, die kaum noch blühen und sich zu Boden senken. Schließlich entstehen am oberen Ende der Bögen junge Triebe. Bei solchen Sträuchern ist ein regelmäßiger Schnitt nötig, bei dem ältere Äste an der Basis entfernt und durch Jungtriebe ersetzt werden.

► Schnitt der Spiräe: Seite 47

Die Art und Intensität des Schnitts richtet sich auch nach der Wuchsform der Bäume und Sträucher: Manche treiben nur Schösslinge, andere entwickeln ein Gerüst und verzweigen sich, Bäume bilden einen Stamm und eine Krone.

Felsenbirne und Ähnliche

Die Felsenbirne baut ein stabiles Gerüst auf. Es besteht aus vier bis sechs Ästen, die aus der Erde treiben. Bei den Sträuchern dieser Gruppe entstehen aber, anders als bei der Spiräe, weniger Neutriebe an der Basis. Der Wuchsschwerpunkt liegt weiter oben im Strauch. Die einzelnen Äste sind über Jahre blühwillig. Sie verzweigen sich an den Enden, sodass nach einigen Jahren ebenfalls sogenannte Köpfe entstehen. Die Folge: Die unteren Teile des Strauches stehen im Schatten und verkahlen. Solche Sträucher schneidet man alle drei bis vier Jahre. Dabei lichtet man die Köpfe aus, damit wieder Licht in das Strauchinnere gelangt.

▶ Schnitt der Felsenbirne: Seite 51

Zaubernuss und Ähnliche

Sträucher vom Zaubernuss-Typ bilden ein langlebiges Gerüst aus mehreren Ästen. Ältere Gehölze treiben im unteren Teil kaum noch Jungtriebe aus. Der Schwerpunkt des Wuchses liegt oben im Strauch. Die Gerüstäste verzweigen sich regelmäßig. Zum Teil entsteht der Eindruck von Bäumchen ohne Stamm, die erst im Alter ihre volle Schönheit entfalten. Die Blütentriebe sind langlebig, solange genügend Licht in das Innere des Strauches gelangt. Solche Sträucher brauchen nur selten einen Schnitt: Jährliches Schneiden würde ihren Charakter zerstören. Wird der Strauch zu dicht oder wachsen Äste nach innen, lichtet man nur aus.

▶ Schnitt der Zaubernuss: Seite 50

Baumartige

Bäume streben mit einem Mitteltrieb erst einmal nach oben, bevor sie sich verzweigen. Ihr Wuchsschwerpunkt liegt von allen Gehölzen am weitesten oben. Sie bilden ein stabiles Gerüst aus Stamm, Mitteltrieb und einigen Seitenästen aus. Die Höhe des Stammes legt der Gärtner in der Baumschule fest. Ein sogenannter Erziehungsschnitt in der Jugend fördert den gleichmäßigen Aufbau. Dieser Schnitt ist bei Bäumen sehr wichtig, denn ihr Gerüst trägt die Krone jahrzehntelang. Später ist ein Schnitt nicht mehr nötig. Lediglich bei Obstbäumen ist ein regelmäßiger Schnitt sinnvoll, um das Fruchtholz vital zu halten.

▶ Schnitt von Laubbäumen: Seite 62/63

▶ Schnitt von Nadelbäumen: Seite 64/65

Wie der Saftdruck wirkt

Saftdruck fördert den Austrieb
Die Pflanzensäfte steigen in der Pflanze immer nach oben. Dieser sogenannte Saftdruck fördert die Stärke des Austriebs an den Triebspitzen. Außerdem bekommt die Pflanze an den oberen und äußeren Trieben mehr Licht und wächst dort stärker als im Inneren oder an der Basis. Beim natürlichen Alterungsprozess etwa von Hartriegel verzweigen sich die Triebspitzen immer mehr. Je schwerer sie werden, umso mehr hängen sie zur Erde. Sie bekommen kaum noch Licht und sterben ab. Der nach oben strebende Saftstrom kommt nur den wenigen Knospen am Scheitelpunkt zugute. Ein Schnitt verjüngt solche überalterten Pflanzen.

Die Triebspitzen werden gefördert
Nicht nur in der gesamten Pflanze, auch im einzelnen Ast strebt der Saftdruck nach oben. In einem aufrecht wachsenden Trieb werden die Spitzenknospen stärker gefördert als die tiefer liegenden Knospen. Diese Förderung des Wachstums im oberen Teil bringt einen Vorteil: Die Pflanze wächst höher als die Konkurrenz. Zusätzlich wird in jeder Triebspitze ein Hormon gebildet, das den Austrieb der unteren Knospen hemmt. Zusammen mit dem höheren Saftdruck am Triebende führt das dazu, dass die obersten zwei bis drei Knospen stark austreiben. Ganz unten am Trieb stehende Knospen treiben weniger oder gar nicht aus.

Die Oberseite wird gefördert
In einem schräg stehenden Ast drückt der Saft zwar nach oben, die oberste Knospe bekommt aber nicht mehr den ganzen Saftdruck wie bei einem steilen Trieb zu spüren. Weil sich der Druck verteilt, treiben alle Knospen der Oberseite fast auf der ganzen Länge aus, jeder einzelne Triebe ist jedoch schwächer. Umgekehrt wird die Triebunterseite benachteiligt. Hier entstehen nur kurze oder gar keine Neutriebe. Je flacher der Ast, umso stärker ist der Druck auf der Oberseite und umso schwächer auf der Unterseite. Deshalb binden Gärtner die Triebe der Obstbäume flach, denn viele schwache Triebe bilden mehr Blüten als wenige starke.

Der Saftstrom steigt immer nach oben: Bei steil stehenden Ästen fördert er den Austrieb an den Triebspitzen, bei schräg stehenden den Austrieb auf der Oberseite der Äste.

Der Scheitel wird gefördert
Durch das Gewicht von Früchten bei Obstgehölzen oder vieler Verzweigungen bei Sträuchern hängen die Triebspitzen nach einigen Jahren nach unten. Weil der Druck des Saftes aber weiter nach oben strebt, treiben nun die Knospen auf dem Scheitelpunkt am stärksten aus. Diese Neutriebe sind ideal, um hängendes Holz zu ersetzen. Deshalb schneidet man die hängenden Spitzen kurz nach einem nach oben wachsenden Jungtrieb ab. Eine Ausnahme sind Pflanzen mit hängendem Wuchs wie die Hängezierkirsche. Auch sie bilden an den Scheitelpunkten kräftige Neutriebe, aber es dauert länger, bis die hängenden Äste vergreisen.

Die Schnittstärke reguliert den Austrieb
Je nachdem, ob Sie einen Trieb kräftig zurückschneiden oder nur wenig, können Sie bestimmen, ob dieser Trieb stark austreiben wird oder schwach. Der Grund dafür liegt im veränderten Saftdruck an der Schnittstelle.
Ein ungeschnittener Trieb verjüngt sich zur Spitze hin. An jeder Knospe verengt sich der Trieb etwas, der Saft staut sich vor jeder Verengung und versorgt die jeweilige Knospe. Der Hauptstrom fließt nach vorn zur Triebspitze und sorgt dort für einen stärkeren Austrieb. Die Stärke des Austriebs nimmt nach unten zur Basis des Triebs hin gleichmäßig ab (1).

Kürzen Sie einen Trieb ein (2), staut sich der Saftdruck an der Schnittstelle, die nun die neue Triebspitze ist. Der Druck wird an dieser Stelle entsprechend größer. Außerdem fehlt die den Austrieb hemmende Wirkung des Pflanzenhormons in der Triebspitze. Die Folge: Es kommt zu einem starken Neuaustrieb. Gleichzeitig sind weniger Knospen übrig, die den Saftstrom aufnehmen. Dies fördert zusätzlich die Stärke des Austriebs. Ein sehr kräftiger Schnitt (3) verstärkt diese Wirkung. Die Folge ist ein sehr starker Austrieb mit wenigen, kräftigen Trieben.

► Wie Sie mit dem Schnitt die Stärke des Neuaustriebs fördern: Seite 28/29

Der richtige Zeitpunkt für den Schnitt der Zierkirsche ist nach der Blüte.
Er ist am verträglichsten und fördert die Vitalität und Blütenfülle.

TECHNISCHE GRUNDLAGEN

Wenn Sie das geeignete Werkzeug, den richtigen Schnitttermin und die passende Schnittform wählen, werden Sie optimale Ergebnisse erzielen.

Erfolg beim Pflanzenschnitt hängt nicht nur von Kenntnissen über die botanischen Grundlagen wie der Wuchsform oder der Bildung der Blütenknospen ab. Auch die richtige Art zu schneiden, hochwertiges Werkzeug und der richtige Schnitttermin tragen zum Gelingen bei.

Grundsätzlich ist es von Vorteil, Gehölze jedes Jahr zu schneiden. Sie müssen dann nur relativ wenig schneiden und nur kleinere Triebe entfernen. Sträucher und Bäume bleiben übersichtlich und behalten eine natürliche Form. Gleichzeitig fördert diese regelmäßige Pflege die Blütenbildung der Gehölze. Wenn Sie dagegen einige Jahre mit dem Schnitt aussetzen, bilden sich bei Bäumen starke Äste, und Sträucher werden sehr dicht: Der Schnitt muss nun sehr viel massiver ausfallen, und die Pflanzen reagieren darauf mit starkem Wachstum.

Auch bei Obstbäumen und Beerensträuchern sorgt der Schnitt dafür, dass sie eine klare Form behalten und reichlich Früchte tragen. Bei allen Gehölzen bedeutet regelmäßiges Schneiden also, dass Sie letztendlich weniger Arbeit haben.

So gelingt der Schnitt

Am besten machen Sie einen Terminplan: Notieren Sie, wann Sie welche Pflanzen schneiden wollen.

- Der richtige Schnitttermin hängt vor allem vom Wuchsrhythmus einer Pflanze ab (Seite 24/25). Grundsätzlich regt ein Schnitt im späten Winter und Frühjahr das Wachstum der Pflanzen an, ein Schnitt im Sommer bremst es.
- Auch mit den verschiedenen Schnittformen (Seite 28/29) können Sie die Stärke des Neuaustriebs steuern: Das klassische Einkürzen führt zu einem starken Neuaustrieb. Durch Umlenken wird eine Pflanze verkleinert, aber trotzdem der Neuaustrieb angeregt. Verschlanken und Auslichten wiederum sind die schonendsten Schnittformen; sie regen den Austrieb am wenigsten an und sorgen so dafür, dass Pflanzen nicht zu groß werden.
- Machen Sie sich vor der Arbeit unbedingt mit den Werkzeugen vertraut. Haben Sie z. B. eine Schere neu gekauft, sollten Sie zuerst an einem weichen Trieb üben. So bekommen Sie ein Gefühl im Umgang mit dem Gerät.

Der richtige Zeitpunkt

Grundsätzlich gilt: Es gibt keinen Zeitpunkt, an dem man alle Pflanzen schneiden kann. Wichtigstes Kriterium für den Schnittzeitpunkt ist der Wuchsrhythmus der Pflanzen, also die Zeit, wann sie ihre Triebe und Blütenknospen bilden (Seite 16/17).

Schnitt im Herbst/Winter

Ab Oktober bis Mitte Januar legen die meisten Pflanzen eine Ruheperiode ein. In dieser Zeit bilden sie weder Triebe, noch nehmen die Äste in der Dicke zu. Aus folgenden Gründen sollte man in dieser Zeit nicht schneiden:

- Schneidet man Gehölze jetzt, können sie erst wieder ab Mai Wundgewebe bilden. Bis dahin sind die Pflanzen gegenüber Krankheiten wehrlos.
- Während der Ruheperiode geschnittene Gehölze sind empfindlicher gegenüber Frost, weil sie die Wunden nicht schließen können. Zurückgeschnittene Triebe kälteempfindlicher Gehölze trocknen ein, im schlimmsten Fall stirbt die ganze Pflanze ab. Nur sehr robuste Gehölze wie Apfel oder Hainbuche kann man im Herbst und Winter schneiden, wenn man sie mit dem Schnitt zu einem kräftigen Wachstum im Frühjahr anregen will.

Schnitt im Spätwinter/Frühjahr

Ab Ende Januar bis März baut sich mit steigenden Temperaturen in der Pflanze langsam Saftdruck auf. Die Pflanzen sind nun nicht mehr längeren Frostperioden ausgesetzt, die Gefahr des Erfrierens und Austrocknens nach einem Schnitt ist geringer. Bei einem Schnitt in dieser Zeit wird das Wachstum weniger angeregt als beim Winterschnitt. Sie dürfen aber nicht schneiden, solange noch Fröste mit Temperaturen unter -5 °C drohen.

- Im Spätwinter und Frühjahr, bevor der Austrieb und die Bildung der Blütenanlagen beginnen, schneidet man die meisten Gehölze wie Sommerflieder, Hibiskus, Fünffingerstrauch oder Rispenhortensie, außerdem Rosen und Kletterpflanzen wie Clematis sowie Laub- und Obstbäume. Bis zum Austrieb sollten die Schnittarbeiten allerdings beendet sein.
- In kälteren Regionen wartet man bis Ende Februar oder Anfang März.
- Liegt Ihr Garten im Weinbauklima, können Sie ohne Weiteres ab Ende Januar mit dem Schnitt beginnen.

Schnitt im späten Frühjahr

Bei sehr empfindlichen Gehölzen sowie Gehölzen, die im Frühjahr vor dem Austrieb blühen, wartet man mit dem Schnitt bis April oder Mai.

- Schneiden Sie mediterrane Gehölze im Februar oder früher, können Pflanzenteile oder sogar ganze Pflanzen in kalten Wetterperioden eingehen. Deshalb sollten Sie Lavendel, Salbei und Rosmarin erst schneiden, wenn die Pflanze mit dem Austrieb beginnt. Die Zeit zwischen Schnitt und Neuaustrieb sollte kurz sein, damit die verbleibenden Knospen schnell durchtreiben. Der beste Termin ist, je nach Klima, zwischen Anfang April und Anfang Mai.

NATURSCHUTZGESETZE BEACHTEN
Vögel dürfen beim Brüten nicht gestört werden. Roden von Gehölzen ist deshalb ab März verboten.

- Frühjahrsblühende Gehölze bilden ihre Blütenknospen bereits im Sommer des Vorjahres (Seite 16). Schneidet man sie vor der Blüte, entfernt man einen Großteil der einjährigen Triebe und damit die meisten Blüten. Man schneidet diese Gehölze deshalb nach der Blüte etwa im Mai. Die Triebe, die die Pflanze dann bildet, tragen die Blütenknospen für das nächste Jahr.

Sommerschnitt

Mit dem Austrieb von Blättern und der Entwicklung von Trieben verteilt sich der Saftdruck gleichmäßiger in der Pflanze und lässt allmählich wieder nach. Von Juni bis Anfang September ausgeführte Schnitte bluten deshalb nicht, die Wunden bleiben trocken. Das Gehölz kann sofort Wundgewebe bilden und sich vor Krankheitserregern schützen.

- Ein Schnitt in dieser Zeit ist für die Pflanzen sehr schonend. Deshalb ist es sinnvoll, steile und andere Triebe, die Sie im Winter sowieso entfernen würden, jetzt auszulichten. Die Energie, die das Wachstum dieser Triebe bis Sommerende benötigt, steht so der restlichen Pflanze zur Verfügung.
- Mit dem Sommerschnitt entfernen Sie aber gleichzeitig Blätter, die dann nicht mehr für die Fotosynthese zur Verfügung stehen. Dadurch werden weniger Reservestoffe in die Wurzel eingelagert, und der Austrieb im nächsten Frühjahr fällt schwächer aus. Ein Sommerschnitt kann also dazu dienen, zu stark wachsende Pflanzen in ihrem Wachstum zu beruhigen.
- Wollen Sie Formschnittgehölze und Hecken nur einmal im Jahr schneiden, ist der Sommer die geeignete Zeit (Seite 94/95). Damit Neutriebe noch ausreifen können und den Winter besser überstehen, beenden Sie den Formschnitt bei Buchs oder Eibe bis Mitte Juli, in warmen Regionen bis Ende Juli.
- Bei öfter blühenden Rosen (Seite 70–73) schneiden Sie über den ganzen Sommer hinweg lediglich verwelkte Blüten aus, bevor sich Hagebutten bilden können.
- Bei einigen Stauden sorgt ein Schnitt nach der Blüte für eine zweite Blüte oder zumindest für eine kräftige Laubentwicklung bis in den Herbst hinein (Seite 132/133).

Verschlanken Sie die Triebspitzen von Gehölzen im Sommer. Die Reaktion ist schwächer als bei einem Frühjahrsschnitt.

Bitte nicht schneiden!

In folgenden Situationen sollten Sie auf keinen Fall schneiden:

- Ab März brüten viele verschiedene Vogelarten in Bäumen und Sträuchern. Um deren Brut nicht zu stören, untersagen die Naturschutzgesetze oft die Rodung und den massiven Schnitt von Gehölzen in der Zeit zwischen März und Oktober. Schnitte, die der Pflege dienen, sind aber erlaubt. Ihre Gemeinde gibt Ihnen Auskunft, welche Regelung in Ihrer Region gilt.
- Schneiden Sie Bäume nie bei nassem Wetter: Nasse Rinde bietet keinen Halt. An den Baum angelehnte Leitern oder Sie selbst können leicht abrutschen und sich verletzen.
- Vermeiden Sie Schnittarbeiten in Beeten, wenn der Boden nass ist. Sie verdichten die Erde mit Ihrem Gewicht, und der Boden lässt sich nur schwer wieder lockern.

Schnitt und Funktion

Vor dem Schnitt sollten Sie sich klarmachen, welches Ziel Sie verfolgen: Sollen z. B. Sträucher eine dichte Hecke bilden, werden sie mehrmals geschnitten, um sich zu verzweigen. Trägt ein Obstgehölz vor allem an jungen Trieben Früchte, schneidet man es jährlich, damit die Triebe nicht altern.

Reiche Blüte

Bei vielen Ziergehölzen ist die Form oder Größe zweitrangig, sie werden wegen ihrer Blüten gepflanzt. Sie müssen sich also zuerst informieren, an welchen Trieben das jeweilige Gehölz blüht, und dann entscheiden, wie Sie schneiden und wann. Doch auch wenn es in erster Linie um die Blüten geht, sollte man die Gesamtwirkung der Pflanze nicht ganz außer Acht lassen. So sieht z. B. Ihre Forsythie nach der Blüte und nach dem Schnitt trotzdem hübsch und dekorativ aus, wenn Sie einige kleine, überhängende Triebe im Strauch stehen lassen. Diese entwickeln für das nächste Jahr zwar keine optimale Blüte, wirken sich aber positiv auf den Gesamteindruck der Pflanze aus (Seite 40, Alibitriebe).

DEKORATIVE RINDE

Die Rinde der Mahagonie-Kirsche ist, anders als beim Hartriegel, auch an älteren Trieben attraktiv.

Dekorative Rinde und Blätter

Manche Gehölze treiben kräftiges rotes Laub. Die am schönsten gefärbten Blätter entfalten sich an den Jungtrieben. Ein kräftiger Schnitt sorgt dafür, dass die Triebe den ganzen Sommer hindurch wachsen. So entstehen immer neue leuchtende Blätter, während die älteren langsam vergrünen.
Andere Gehölze haben eine auffällige Rinde, deren Farbe aber nach einigen Jahren verblasst. Das heißt, ältere Triebe werden dunkel. Der gelb und der rot berindete Hartriegel z. B. bringen ihr schönstes Farbenspiel an ein- bis dreijährigen Trieben hervor. Weiden mit gelber und ockerfarbener Rinde besitzen ihre typische Farbe nur an einjährigen Trieben. Ein kräftiger Schnitt jedes Frühjahr sorgt für gut ausgefärbten Neuzuwachs.

Leckere Früchte

Egal, ob ein Spindelbaum oder ein Hochstamm in Ihrem Garten steht – nur ein jährlicher Schnitt sichert den Ertrag. Denn Obstgehölze brauchen einen Schnitt noch viel mehr als Ziergehölze, weil nur an vitalen Pflanzen hochwertige Früchte wachsen. Zwar blühen einige Obstarten auch an älteren Trieben, die besten Früchte tragen sie aber am zwei- und dreijährigen Holz. Einige Obstarten, wie Pfirsich oder Sauerkirsche, bilden ihre Blüten ausschließlich an einjährigen Trieben. Ohne Schnitt vergreisen sie innerhalb von drei bis vier Jahren.

Wohnlicher Sichtschutz

Formal geschnittene Hecken sind ein wundervoller Sichtschutz im Garten. Blüten sind hier von untergeordneter Bedeutung. Gerade bei solchen Hecken ist ein regelmäßiger Schnitt wichtig. Damit sie gleichmäßig dicht werden, empfiehlt sich ein Aufbau in Etappen (Seite 92): Schneiden Sie z. B. eine Hainbuchen- oder Ligusterhecke so, dass sie pro Jahr nur 30 cm

Der Schnitt einer Hängezierkirsche unterstützt und erhält behutsam ihre einzigartige Form.

Höhe zulegt. Obwohl es dadurch länger dauert, bis die Hecke ihre endgültige Höhe erreicht, zahlt sich die Geduld aus. Der Saftstau an den Schnittstellen versorgt die Seitenäste im unteren Bereich der Hecke mit Nährstoffen. Die Triebe bleiben dadurch vital, bilden viele Verzweigungen, und die Hecke wird dicht.
Aber auch frei wachsende Sträucher können diesen Zweck erfüllen. Wenn Sie Gehölze mit unterschiedlich starkem Wachstum kombinieren, entwickelt sich eine lebhafte und dichte Hecke. Voraussetzung dafür, dass eine solche Hecke schön und üppig bleibt, ist jedoch, dass Sie sie jedes Jahr auslichten. Nur dann können sich in den unteren Bereichen der Sträucher keine kahlen Stellen bilden.

Strukturen schaffen

Ein großer Strauch oder ein Baum kann ganze Grundstücke prägen. Ältere Gehölze entwickeln oft einen charakteristischen Wuchs, der dem Garten einen besonderen Charme verleiht. Die Struktur solcher Pflanzen erhalten Sie durch einen maßvollen Schnitt ohne größere Eingriffe. Nur wenn sich Langtriebe ausbilden und Äste sich gegenseitig bedrängen, greifen Sie ein.

Die wichtigsten Schnitte führen Sie in den ersten drei bis vier Jahren nach der Pflanzung aus (Seite 62/63). So unterstützen Sie die Pflanze bei der Bildung eines lockeren Gerüsts, das aus nur einem Mitteltrieb und aus mehreren Seitenästen besteht.

Solitäre als Blickfang

Einige Gehölze werden wegen ihrer außergewöhnlichen Gestalt gepflanzt. Dazu gehören z. B. säulenförmige Eichen und Eiben oder Hängeformen von Zierkirschen, Hängekätzchenweiden und Trauerbuchen, die auf Hochstämmchen veredelt sind. Die Zweige solcher Hängeformen hängen nach unten und bilden eine Kuppel. Beim Schnitt gilt hier als Grundregel, die besondere Wuchsform dieser Pflanzen zu berücksichtigen.

- Säulenformen spreizen oft unter dem Gewicht der Spitzen ihre Äste auseinander. Lichten Sie deshalb die Spitzen aus, damit das Gehölz weiterhin schlank wächst.
- Auch Hängeformen werden nur ausgelichtet. Dabei unterstützen Sie die Form der Kuppel und entfernen alle nach oben stehenden Triebe.

► Durch Schnitt gestalten: Seite 136–153

Grundlegende Schnittformen

Klassisches Einkürzen
Schneidet man vor allem Triebspitzen im oberen Bereich und an den Seiten der Pflanze zurück, bezeichnet man das als Einkürzen. In der Regel werden dabei die einjährigen Triebe eingekürzt, die bei vielen Ziergehölzen und einigen Obstarten die Blüten tragen. Durch dieses Einkürzen findet kein Ersatz von älteren Ästen statt, sie verbleiben ja im Baum oder Strauch.

Folgen des Einkürzens
Das Einkürzen regt die Gehölze am stärksten zum Wachsen an. Die Knospen am Ende des abgeschnittenen Triebs bekommen jeweils den vollen Saftdruck zu spüren. Gleichzeitig existiert nach der Schnittstelle kein Seitentrieb mehr, der den Saftdruck aufnehmen könnte. Sofern Sie diesen Schnitt über mehrere Jahre wiederholen, wird der Neuaustrieb von Jahr zu Jahr stärker angeregt. Einjährige Triebe kürzt man deshalb nur beim Pflanzen und beim Aufbau der Gerüstäste von Obstgehölzen. Bei allen anderen Gehölzen werden sie nicht eingekürzt, sondern bleiben ohne Schnitt an der Pflanze stehen oder werden ganz entfernt.

Umlenken
Beim Umlenken entfernen Sie einen Haupttrieb oder eine Triebspitze. Ihre Funktion wird von einem anderen, tiefer liegenden Seitenast übernommen. Dadurch wird die Größe des Gehölzes verringert, und der verbleibende Trieb wird zum Ersatz für den entfernten Ast; ein alter Ast wird also durch einen jüngeren Trieb ersetzt. Im besten Fall hat der Neuzuwachs des Astes, auf den umgelenkt wird, die gleiche Wuchsrichtung wie der alte Astteil und nimmt auf seiner ganzen Länge mit seinen jungen Knospen den durch den Schnitt erhöhten Saftdruck auf.

Mit der Art des Rückschnitts können Sie die Stärke des Neuaustriebs steuern: Einkürzen regt den Wuchs am stärksten an, Verschlanken am wenigsten.

Folgen des Umlenkens
Nach dem Umlenken wirkt der Saftstau auch nach unten. Das heißt, unterhalb der Schnittstelle nimmt der Ast mehr an Dicke zu als ohne Schnitt. Allerdings wirkt der Trieb, auf den umgelenkt wurde, als »Blitzableiter«, d. h., er nimmt den erhöhten Saftstrom auf. Dadurch entstehen weniger Neutriebe als beim Einkürzen, auch bleiben sie kleiner. Nur wenn dieser Ast fast rechtwinklig abzweigt, entsteht ein stärkerer Saftstau, und es wachsen über die Jahre viele Neutriebe. Hat der Ast, auf den umgelenkt wurde, fast die gleiche Wuchsrichtung wie der entfernte Ast, fällt die Schnittstelle nach einigen Jahren kaum noch auf.

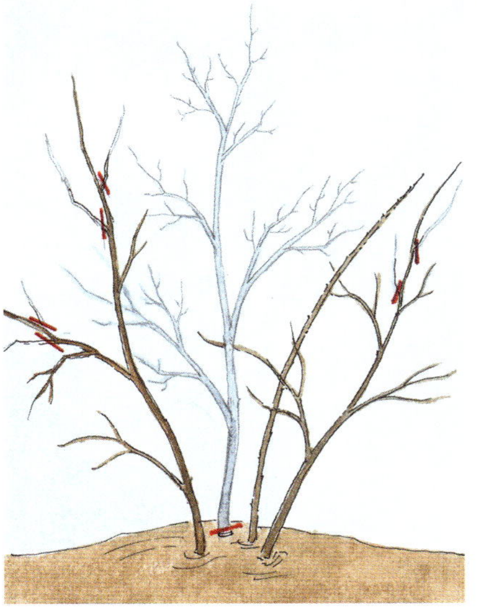

Verschlanken und auslichten
Verschlanken bedeutet, dass Sie mit der Triebspitze konkurrierende Seitentriebe entfernen. Das können sowohl einjährige als auch mehrjährige Triebe sein. So bleibt der Strauch oder Baum schlank und wird nicht zu groß. Von diesem Schnitt ist wenig zu sehen, es ist die diskreteste Form des Schneidens.
Einen ähnlichen Effekt erreichen Sie, wenn Sie ganze Triebe bei Sträuchern auslichten. Dabei schneiden Sie die Triebe direkt am Boden ab. Nach dem Schnitt sieht der Strauch lockerer aus, man nimmt jedoch nicht wahr, dass Teile fehlen.

Folgen der Verschlankung
Wird ein Ast von Seitentrieben befreit, also verschlankt, kann wieder viel Licht ins Gehölzinnere dringen. Die Triebe im Inneren verkahlen nicht. Zusätzlich wachsen die äußeren Triebe nur wenig, da – anders als beim Einkürzen – wenig Saftstau produziert wird und sich die Richtung des Saftstaus nicht ändert. Der stehen gebliebene Trieb wächst wenig, ähnlich einem ungeschnittenen Trieb (Seite 21); an den Schnittstellen bilden sich kleinere Neutriebe.
Bei Sträuchern, die am Boden ausgelichtet werden, wachsen Jungtriebe direkt aus der Erde nach.

Vom Pflanzschnitt bis zum Verjüngungsschnitt

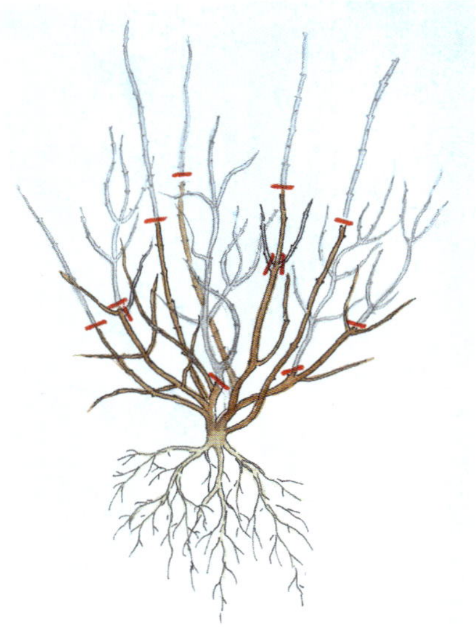

Pflanzschnitt bei wurzelnackten Pflanzen

Nur von Herbst bis Frühjahr, in der Ruheperiode, kann man wurzelnackte Gehölze, also Pflanzen ohne Erdballen, setzen. Beim Ausgraben in der Baumschule wurden Feinwurzeln, die für die Wasseraufnahme zuständig sind, entfernt. Bei solchen Pflanzen schneiden Sie vor dem Pflanzen die Triebe zurück, damit die Verdunstung nach dem Austrieb im Frühjahr entsprechend herabgesetzt ist. Entfernen Sie nach innen weisende oder verkümmerte Triebe. Kräftige, nach außen stehende Triebe und einen Mitteltrieb lassen Sie stehen und schneiden sie um ein Drittel, schwache um die Hälfte zurück.

Pflanzschnitt bei Containerpflanzen

Pflanzen mit Topfballen können das ganze Jahr über gepflanzt werden. Nur die heißen Monate wie Juli und August sind weniger geeignet, da der Wasserbedarf der Gehölze bei Hitze sehr groß ist. Bei Containerpflanzen wurden keine Wurzeln entfernt, das Gleichgewicht zur Krone bleibt erhalten. Nur lange Wurzeln, die im Kreis um den Ballen herumwachsen, schneiden Sie zurück. Lichten Sie schwache Triebe und solche, die quer im Strauch wachsen, aus. Lassen Sie die kräftigen Langtriebe stehen und kürzen Sie sie nicht ein. Sie wachsen nur mäßig und verzweigen sich im folgenden Sommer.

Erziehungsschnitt gibt Form

In den ersten ein bis zwei Jahren nach dem Pflanzen schneidet man Triebe, die ins Innere der Pflanze wachsen, heraus und verschlankt die Triebspitzen. Dadurch gelangt genug Licht ins Innere der Pflanze, und man erzieht sie zu einer schönen Form. Bei Sträuchern mit kurzlebigen Trieben (Seite 46/47) entfernen Sie ab einem Alter von drei Jahren ein Viertel der älteren Triebe. Sie werden durch Jungtriebe aus dem Boden ersetzt. Bei Sträuchern mit dauerhaftem Gerüst (Seite 50/51) entfernen Sie die jungen Bodentriebe. Je langlebiger der Trieb oder Ast, umso länger ist die Erziehung. Bei Obstbäumen kann sie über zehn Jahre dauern.

Je nach Alter braucht eine Pflanze einen anderen Schnitt: Er fördert das Anwachsen nach dem Pflanzen, führt zu einem schönen Aufbau, erhält die Form und verjüngt im Alter.

Erhaltungsschnitt

Die regelmäßigen Schnittmaßnahmen an einem ausgewachsenen Gehölz werden als Erhaltungsschnitt bezeichnet. Die Endgröße der Pflanze ist erreicht. Ziel ist es nun, die Vitalität für Blüten- und Fruchtbildung oder eine bleibende Struktur zu bewahren. Junge Triebe, ob aus der Erde oder im Astbereich, werden erhalten und gefördert. Sie ersetzen vergreisende Triebe oder Astspitzen, die entfernt werden. Der Schnitt verzögert den Alterungsprozess, indem er eine stetige Erneuerung der Pflanze anregt. Auch hier gilt: Gehölze mit kurzlebigen Trieben werden jährlich, solche mit langlebigen Trieben alle zwei bis drei Jahre geschnitten.

Verjüngungsschnitt

Ohne den regelmäßigen Erhaltungsschnitt altert ein Gehölz entsprechend seinem natürlichen Alterungsprozess. Die Äste verzweigen sich im oberen Bereich stark und senken sich zur Erde. Der entstehende Lichtmangel lässt die Pflanze im Inneren nach und nach verkahlen, bei Sträuchern sprießen kaum noch Jungtriebe aus der Erde. Die Pflanze bildet nur noch wenige Blütenknospen. Dann ist ein Verjüngungsschnitt nötig: Er fällt erheblich stärker aus als ein Erhaltungsschnitt und revitalisiert das Gehölz. Entfernen Sie dabei überalterte Triebe und Triebteile sowie Besen, die sich eventuell gebildet haben, vollständig.

Schnitt nach dem Verjüngen

Nach dem Verjüngen bilden sich Neutriebe. Im folgenden Frühjahr lichten Sie zuerst sehr dicht oder steil stehende einjährige Triebe aus. Dann verschlanken Sie die Triebe der Astspitzen. Wo starke Äste im Kroneninneren entfernt wurden, sind ebenfalls Langtriebe gewachsen. Entfernen Sie alle bis auf einen, der schräg nach außen wächst. Er ist der Ersatz für einen alten Ast. Bei Sträuchern belassen Sie neue Bodentriebe, wenn sie genug Abstand zu den alten haben. Sie ersetzen Alttriebe, die Sie in den nächsten Jahren entfernen. Weiteres Verjüngen in den Folgejahren ist nötig, wenn überalterte Äste ohne Neutriebe vorhanden sind.

► Schnittfehler beheben: Ziergehölze: Seite 42/43, Obstgehölze: Seite 102/103

Werkzeuge und wie man sie richtig benutzt

KURZINFORMATION
WEITERE WERKZEUGE

Astscheren mit Kraftübersetzung erleichtern das Schneiden. Die meisten sind aber nur als Amboss-Scheren erhältlich, die die Äste leicht quetschen. Es gibt sie auch mit ausziehbaren Griffen. Diese erlauben aber keine exakte Schnittführung, weil der Schwerpunkt weit weg von Ihren Händen liegt.

Handheckenscheren sollten leicht sein und ein langes Blatt besitzen. Sie reichen für kleine Hecken. Für Buchskugeln oder andere Formen gibt es Scheren mit kürzeren Klingen und Griffen.

Elektrische Heckenscheren brauchen Sie für größere formale Hecken. Achten Sie auf eine gute Qualität der Klingen. Die Schere muss eine Sicherung haben, damit sie stoppt, sobald Sie eine Hand vom Griff nehmen.

Motorsägen sind erst dann rentabel, wenn Sie jedes Jahr viele dicke Äste sägen. Achten Sie auf eine Sicherheitskupplung! Die Säge stoppt, sobald eine Hand vom Griff entfernt wird.

Stangenscheren und -sägen sind nicht leicht zu bedienen; verwenden Sie sie nur an schwer zugänglichen Stellen.

Gartenschere
Gartenscheren müssen scharf sein, um glatt zu schneiden. Der Handel bietet Amboss-Scheren, bei denen sich Klinge und Amboss gegenüberstehen. Sie sind nur für weiche Triebe geeignet, weil sie die Triebe leicht quetschen. Bei Bypass-Scheren (Foto) kann dies nicht passieren, da ihre Klinge auf einer Seite am Amboss vorbeiläuft. Kaufen Sie nur hochwertige Produkte, die gut in der Hand liegen: Es gibt z. B. sowohl Scheren für Rechts- und für Linkhänder als auch Scheren für kleine Hände. Alle Modelle sollten sich zum Reinigen und Schleifen leicht zerlegen lassen. Schleifen Sie im gleichen Grad und nur die äußere Seite der Klinge.

Astschere
Mit Astscheren entfernt man Äste ab ca. 2 cm Dicke, die für die Handschere zu dick sind. Auch hier schneiden hochwertige Bypass-Modelle sauberer als Amboss-Scheren. Das Ausschneiden von Sträuchern am Boden sowie das Schneiden von Ästen über Kopfhöhe gelingt durch die langen Hebel mit der Astschere leichter. Wählen Sie Modelle mit großer Klinge, deren Amboss schnabelförmig und gezähnt ist. Wenn Sie die Schere ansetzen, fixieren Sie durch leichtes Zudrücken der Schere den Ast, so gleitet er beim Schnitt nicht ab. Auch bei Astscheren sollte sich die Klinge leicht ausbauen lassen.

▶ **EXPERTENTIPP** Bei qualitativ hochwertigen Modellen sind problemlos Ersatzteile erhältlich.

Hochwertige Werkzeuge erleichtern Ihnen die Arbeit. Wählen Sie aber unbedingt für jeden Schnitt das richtige Werkzeug und sorgen Sie dafür, dass es immer scharf und sauber ist.

Schwertsäge

Wo Scheren an ihre Grenzen stoßen, kommt die Säge zum Einsatz. Zum Entfernen starker Äste ab 4 cm Dicke ist sie unentbehrlich. Sägen Sie bei Schwertsägen immer nur mit ziehendem Schnitt. Schieben Sie die Säge ohne Druck zurück, die Klinge könnte sonst brechen. Große Äste entfernen Sie in mehreren Stücken. Sie reißen sonst durch ihr Gewicht ab und verursachen tiefe Wunden an der Pflanze (Seite 34/35). Schwertsägen zum Einklappen lassen sich bequem und sicher transportieren. Achten Sie beim Kauf darauf, dass die Säge eine scharfe Zahnung hat, das Sägeblatt rostfrei und der Griff rutschfest ist.

Bügelsäge

Muss man viele starke Äste entfernen, leistet eine Bügelsäge gute Dienste. Der Bügel fixiert das lange Sägeblatt, sodass Sie auf Zug und Druck sägen können. Bei guten Sägen lässt sich der Blattwinkel verstellen. Das Sägeblatt muss immer straff gespannt sein. Andernfalls verzieht es sich beim Sägen, und der Schnitt wird schief. Bei sehr dicken Ästen verhindert der Bügel ein Durchsägen in einem Gang. In diesem Fall führen Sie einen zweiten Schnitt von der Gegenseite durch (Seite 34). Die Schnittstellen sind bei Bügelsägen rauer als bei Klappsägen. Deshalb empfiehlt es sich, die Schnittränder mit einem Messer zu glätten.

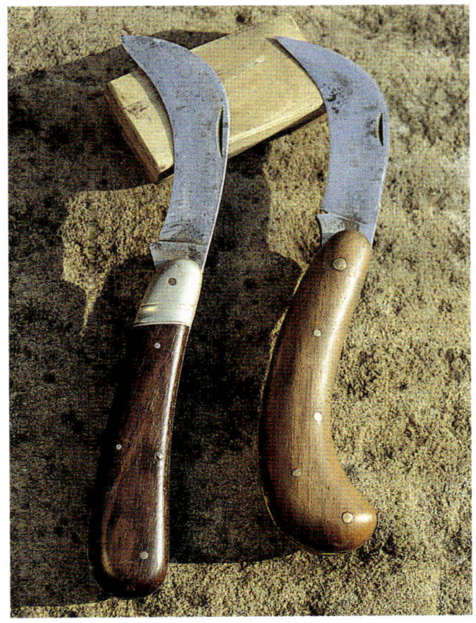

Messer

Raue, ausgefranste Schnittstellen glätten Sie mit einem Messer, denn glatte Schnittstellen verheilen schneller. Ebenso lassen sich damit Rindenverletzungen ausschneiden. Die Klinge muss immer scharf sein. Ziehen Sie das Messer an den Schnitträndern zur Mitte hin durch, damit sich die Rinde nicht vom Holz löst. Ein Messer mit einer gekrümmten Klinge erleichtert diese Arbeit. Solche Messer erhalten Sie im Fachhandel unter der Bezeichnung »Hippe«. Drücken Sie das Messer nicht fest in die Rinde, sondern ziehen Sie es mit einer gleichmäßigen Bewegung durch, damit Sie nicht abrutschen.

Die richtige Schnitttechnik

KURZINFORMATION
GRUNDREGELN ZUR WUNDBEHANDLUNG

Scharfes, sauberes Werkzeug hilft, Verletzungen und Infektionen zu vermeiden.

Kleine Wunden unter 3 cm Durchmesser müssen nicht behandelt werden. Vermeiden Sie es, große Wunden zu verursachen. Muss ausgelichtet werden, schneiden Sie kleinere Äste aus.

Ein Wundverschluss ist auch bei größeren Schnittmaßnahmen nicht nötig, wenn Sie sie im Sommer durchführen und für glatte Wundränder sorgen. Der Baum kann die Wunde schnell schließen und sich so gegen Pilze schützen.

Das Eintrocknen größerer Wunden verhindern Sie, indem Sie Wundränder mit einem Wundverschlussmittel verstreichen. Versorgen Sie nur die Wundränder mithilfe eines Pinsels oder Spatels dünn mit Baumwachs oder künstlicher Rinde, sodass der Holzkern weiteratmen kann. Kontrollieren Sie verstrichene Wunden regelmäßig.

Prüfen Sie bei großen Wunden jedes Jahr, ob das Wachs sich vom Holz löst. Wenn ja, entfernen Sie das alte Wachs und streichen die Wundränder neu ein.

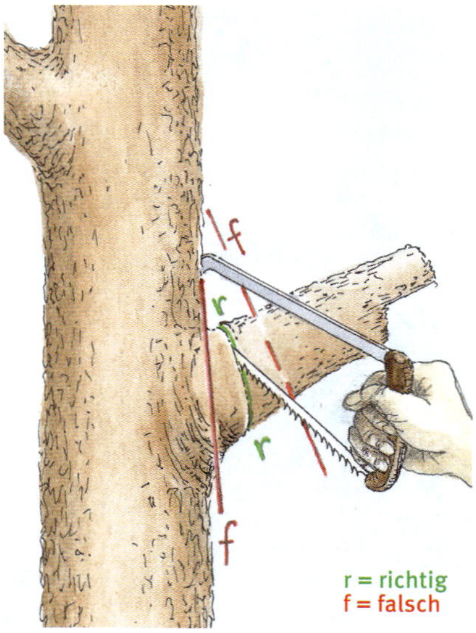

Die richtige Schnittstelle

Achten Sie beim Entfernen eines Triebes oder Astes darauf, dass der kleine Wulst zwischen Seiten- und Hauptast stehen bleibt. In diesem Astring konzentriert sich teilungsfähiges Gewebe, das die Wunden schneller heilen lässt. Beim Schneiden setzen Sie die Schere oder Säge auf der oberen Seite des Astes an diesem Wulst an und führen den Schnitt leicht schräg nach unten und außen. Dicke, schwere Äste sägen Sie zunächst 50 cm oberhalb der eigentlichen Schnittstelle von unten an. Dann sägen Sie 70 cm über der eigentlichen Schnittstelle von oben in den Ast, bis er bricht. Im dritten Schritt entfernen Sie den Aststumpf.

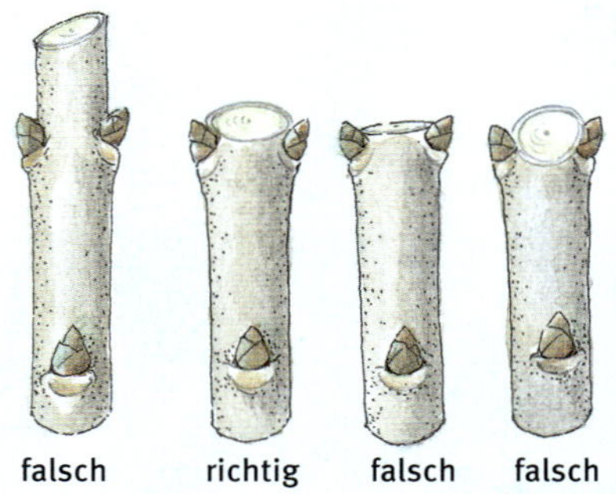

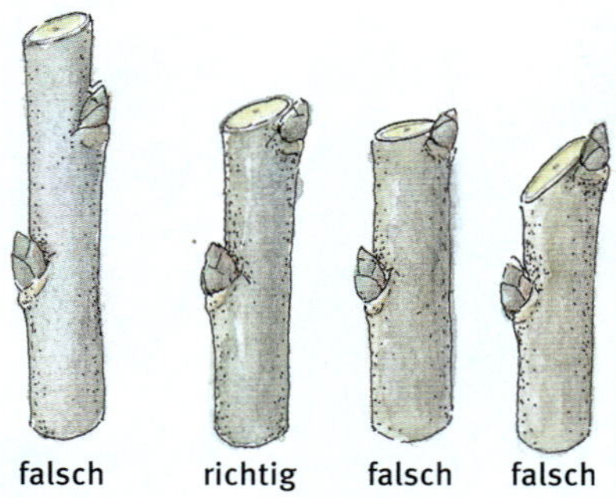

An einer Knospe schneiden

Diese Schnitttechnik kommt vor allem beim Einkürzen von Rosen und jungen Gehölzen zum Einsatz. Bei gegenständigen Knospen (oben) führt der Schnitt leicht schräg von beiden Knospen weg, bei wechselständigen (unten) führt er kurz über einer jungen Knospe leicht schräg von der Knospe weg. Wird der Schnitt zu dicht an der Knospe angesetzt, trocknet sie ein. Es darf aber auch kein zu langer Holzstumpf ohne Knospen stehen bleiben, da er abstirbt und den Befall durch Pilzkrankheiten fördert. Um den richtigen Abstand zu finden, legen Sie die freie Hand an die Knospe und setzen die Schere direkt über dieser Hand auf.

Richtig ausgeführte Schnitte lassen Wunden schneller heilen. Schneiden Sie immer leicht schräg über einer Knospe bzw. an einem Astring und sorgen Sie für glatte Schnittstellen.

Eingetrocknete Stümpfe

Aststümpfe trocknen ein und verhindern so den Wundverschluss. Bleibt ein solcher Stumpf stehen, müssen Sie ihn direkt am entstandenen Wulstring, der die Schnittstelle überwachsen soll, entfernen. Die dabei entstehende leichte Verletzung regt den Ring zu stärkerem Wachstum und damit zum Verschluss der Wunde an. Der Eingriff ist für den Baum im Sommer verträglicher als im Winter. Anschließend verstreichen Sie nur das angeschnittene, lebendige Gewebe mit Wundwachs, das Kernholz bleibt frei. So bekommt es Luft und kann jederzeit abtrocknen.

Wie ein korrekt ausgeführter Schnitt heilt

Ein gut gesetzter Schnitt, der leicht schräg über dem verbleibenden Astring ausgeführt wurde, verheilt zügig. Am Astring bildet sich ein Wulst aus Wundgewebe. Durch den Saftstau an der Schnittstelle entwickelt das Gehölz Jungtriebe. Lassen Sie einen flachen Trieb stehen, dieser kann den Druck aufnehmen. Mit seinem Wachstum fördert dieser Trieb gleichzeitig die Bildung von zusätzlichem Wundgewebe und damit die Heilung. Ist nach einer gewissen Zeit die Wunde verschlossen, kann dieser Trieb entfernt werden. Integriert er sich aber gut in das Gerüst des Gehölzes, lassen Sie ihn stehen.

Große Verletzungen

Wird ein Schnitt zu nah am Stamm ausgeführt und der Astring entfernt, kann er die Wunde nicht mehr schließen. Eine nachträgliche Korrektur ist nur schwer möglich. Vermeiden Sie es deshalb, schwere Seitenäste mit nur einem Schnitt abzusägen. Sie reißen leicht aus und verursachen tiefe Wunden unterhalb der beabsichtigten Schnittstelle. Wenn dies doch einmal passiert, lenken Sie, wenn es der Gehölzaufbau erlaubt, auf einen Ast tiefer um. Eine ausgefranste Schnittstelle sollten Sie, damit sie schneller heilt, noch einmal nachsägen oder glatt schneiden (Wundbehandlung: Seite 34, Kurzinformation).

PFLANZEN RICHTIG SCHNEIDEN

/

Richtig geschnittene Ziergehölze blühen üppig, geben dem Garten Struktur und fördern ein harmonisches Gartenbild.

ZIERGEHÖLZE

Ziergehölze prägen den Garten viele Jahre durch Blüten, Früchte, Blätter oder ihre Form. So vielfältig sie sind, so unterschiedlich werden sie geschnitten.

Wenn Sie einige Grundregeln beachten, wird Ihnen der Schnitt von Sträuchern und Bäumen ganz sicher gelingen. Der Aufwand für den Schnitt variiert von Art zu Art: Manche Ziergehölze brauchen jedes Jahr ihren Schnitt, um in Form zu bleiben, andere müssen Sie nur alle paar Jahre mit der Schere oder Säge schneiden.

Wuchsgrößen beachten

Bedenken Sie schon beim Pflanzen von Ziergehölzen, welche Größe sie im Alter einmal erreichen können. Werden Sträucher und Bäume zu groß oder stehen sie zu eng, wird immer das eine Gehölz unter dem anderen leiden.

Manchmal steht man in einem alten Garten aber vor vollendeten Tatsachen: Dann müssen Sie herausfinden, ob ein zu großes Gehölz durch einen Schnitt dauerhaft verkleinert werden kann, ob es entfernt und ob es durch ein neues ersetzt werden muss. Schneidet man wegen Platzmangel lediglich mit dem Ziel, die Pflanze zu verkleinern, kann sie niemals ihre optimale Wuchsform entwickeln.

Die Ziele des Schnitts

Jeder Schnitt von Ziergehölzen sollte letztlich das Ziel haben, eine Pflanze zu einer harmonischen Form zu erziehen und, wenn es sich um Blütengehölze handelt, eine üppige Blüte zu fördern. Mit dem richtigen Schnitt können Sie diese Ziele unterstützen. Außerdem können Sie je nach Intensität und Zeitpunkt des Schnitts das Wachstum von Ziergehölzen unterschiedlich stark anregen. Im darauffolgenden Sommer werden Sie erkennen, ob die Pflanze zu stark oder zu schwach reagiert. Entsprechend können Sie den Schnitt im nächsten Jahr korrigieren.

Vor dem Schnitt sollten Sie unbedingt die folgenden Fragen klären:

- Wann ist der richtige Zeitpunkt für den Schnitt (Seite 24/25 und 40/41)?
- Was ist das Ziel des Schnitts: Muss das Gehölze erzogen, also geformt werden? Dient der Schnitt der Erhaltung des jetzigen Zustands, oder muss das Gehölz verjüngt werden (Seite 30/31)?

Erst dann können Sie den Schnitt wählen, der den Bedürfnissen des jeweiligen Gehölzes optimal entspricht.

So bleiben Sträucher jung und blühen reich

Mehrtriebige Gehölze ohne Stamm nennt man Sträucher. Die Triebzahl kann von drei bis vier bei einem Ahorn bis zu 50 bei einem Ranunkelstrauch schwanken. Wann und wie Ziersträucher geschnitten werden, hängt vor allem davon ab, an welchen Trieben sie Blütenknospen bilden (Seite 16/17) und wie lange diese Blütentriebe vital sind – das können je nach Art zwei bis 20 Jahre sein. Sträucher, deren Triebe lange vital bleiben, brauchen nur alle paar Jahre einen Schnitt. Arten, deren Triebe schnell altern, müssen Sie dagegen jedes Jahr schneiden.

Vor der Blüte schneiden

Sträucher, die ihre Blütenknospen ab dem Frühjahr an diesjährigen Trieben bilden und den ganzen Sommer hindurch ohne Pause wachsen und blühen, können nicht nach der Blüte geschnitten werden. Denn dann hätten sie vor dem Winter keine Zeit mehr, um neue Triebe zu bilden. Sie werden daher bereits im Frühjahr vor dem Austrieb geschnitten. Für diese Sträucher gilt meist, dass ein starker Schnitt zu kräftigem Wachstum und einer langen Blüte führt. Bekannte Vertreter dieser Gruppe sind zum Beispiel Sommerflieder und Hibiskus.

FLIEDER: TRIEB UND BLÜTE ZUGLEICH
Beim Frühjahrsschnitt opfert man zwar Blütenstände, doch im nächsten Jahr werden die Blüten größer.

Neben den Blüten sollten Sie aber auch die Gestalt, die der Strauch im Frühsommer haben wird, beim Schneiden bedenken. Verzichten Sie also lieber auf einige Blüten und schneiden zurückhaltender. Lassen Sie einige Triebe stehen, die zwar nicht zur Blüte beitragen, dem Strauch aber eine ansprechende Form geben. Solche Triebe nennt man »Alibitriebe«. Sie dienen bei einem Verjüngungsschnitt auch als »Blitzableiter« (Seite 29), die den entstehenden Saftdruck aufnehmen.

- Zu dieser Gruppe gehören die sogenannten Halbsträucher. Dies sind Gehölze, die in mediterranem Klima zwar Sträucher ausbilden, in unseren Breiten aber im Winter zum Teil oder ganz bis zur Erde zurückfrieren. Lavendel und Bartblume verholzen zwar an der Basis, aber mit zunehmendem Alter des Holzes wächst die Gefahr, dass sie im Winter erfrieren. Deshalb schneidet man diese Pflanzen jedes Jahr stark zurück (Seite 44). Der Schnitt fördert die Bildung junger Bodentriebe und verhindert, dass die Pflanzen verholzen.
- Vor der Blüte schneidet man auch Pflanzen, die ein mehr oder weniger winterhartes Gerüst aufbauen. Sommerflieder z. B. (Seite 45) entwickelt im unteren Bereich kräftige Äste. Aber in einem strengen Winter können die ältesten und dicken Triebe erfrieren. Jüngere, die direkt aus der Erde kommen, sind dagegen noch vital. Sommerflieder schneidet man jedes Jahr stark, verholzte Triebe ersetzt man durch Jungtriebe. Ähnlich werden auch sommerblühende Spiräen, Rispenhortensie, Blasenstrauch und Fünffingerstrauch geschnitten (Seite 44/45).

Nach der Blüte schneiden

Viele frühjahrsblühende Sträucher bilden die Blütenknospen im Sommer des Vorjahres und überwintern sie. Nach der Blüte entwickeln sie neue Triebe, an denen sie Blütenknospen für das Folgejahr bilden. Ein Schnitt vor der Blüte würde die meisten Blüten entfernen. Solche Sträucher schneidet man deshalb nach der Blüte. Da nach der Blüte aber auch das Wachstum der Triebe einsetzt, dürfen Sie mit dem Schnitt nicht zu lange warten, sonst entfernen Sie den Neuzuwachs.

- Zu dieser Gruppe gehören an einjährigen Langtrieben blühende Sträucher. Dies sind die typischen Frühblüher wie Spiräe und Mandelbäumchen (Seite 47). Das schönste Blütenholz findet sich bei ihnen an einjährigen Trieben, die länger als 30 cm sind. Ohne Schnitt entwickeln sich nur noch kurze Triebe, die zwar blühen, doch das alte Astgerüst verkahlt und beeinträchtigt die optische Wirkung. Durch den Schnitt werden alte Triebe entfernt, und es entstehen viele neue blühende Langtriebe.
- Zu dieser Gruppe rechnet man außerdem an einjährigen Seitentrieben blühende Sträucher wie die Forsythie (Seite 48). Im milden Klima blühen sie an den einjährigen Langtrieben. Ihre volle Schönheit entwickeln sie erst, wenn sie im zweiten Jahr Seitentriebe an den Langtrieben gebildet haben. Ab dem dritten Jahr vergreisen die Triebe sehr schnell und blühen kaum noch. Auch hier fördert der Schnitt die Bildung junger, vitaler Triebe.
- Ebenfalls nach der Blüte schneidet man Sträucher, die an älteren Trieben und an Kurztrieben blühen. Diese Gehölze entwickeln ein langlebiges Blütenholz. In der Regel bilden sie an einjährigen Langtrieben noch keine Blüten. Erst die zweijährigen Langtriebe bilden Seitentriebe mit Blütenknospen – wie in der vorherigen Gruppe. Die Triebe vergreisen aber nicht, die Blüten erscheinen mehrere Jahre an älteren Trieben. Zu dieser Gruppe zählen Felsenbirne und Zaubernuss (Seite 50/51). Sie werden nicht jedes Jahr, sondern nur selten geschnitten.

Ziergehölze verjüngen

Werden Ziergehölze im Alter zu groß und vergreisen die Triebe, ersetzt man durch einen Verjüngungsschnitt (Seite 31) ein oder mehrere Triebe, um die Blühwilligkeit zu erhalten. Nach dem Rückschnitt eines Triebes entstehen an der Schnittstelle neue Triebe. Einer dieser Triebe übernimmt nach einigen Jahren die Position des entfernten Astes.

Mandelbäumchen blühen am schönsten an einjährigen Trieben.

- Bei der Verjüngung unveredelter Sträucher müssen die neuen Triebe direkt aus dem Boden entspringen – es sind sogenannte Bodentriebe. Lassen Sie dagegen beim Abschneiden der alten Triebe einen Stumpf stehen, treibt dieser aus dem Altholz Jungtriebe aus, die schnell vergreisen.
- Bei veredelten Gehölzen entsprechen die Bodentriebe den Wildtrieben, die zur Verjüngung ungeeignet sind. Solche Gehölze werden deshalb zwar bodennah, aber immer oberhalb der Veredlungsstelle verjüngt.

Zapfen stehen lassen

Bei manchen Ziersträuchern lässt man beim Entfernen von Ästen kleine Zapfen stehen. Sie verhindern, dass das Holz bis in das Gerüst eintrocknet. Außerdem besitzen diese Zapfen Knospen, aus denen neue Triebe austreiben, die als Ersatz für entfernte Triebe dienen. Trocknen diese Zapfen später teilweise ein, werden sie im folgenden Sommer entfernt.

► Schnittfehler korrigieren: Seite 42/43

Schnittfehler korrigieren

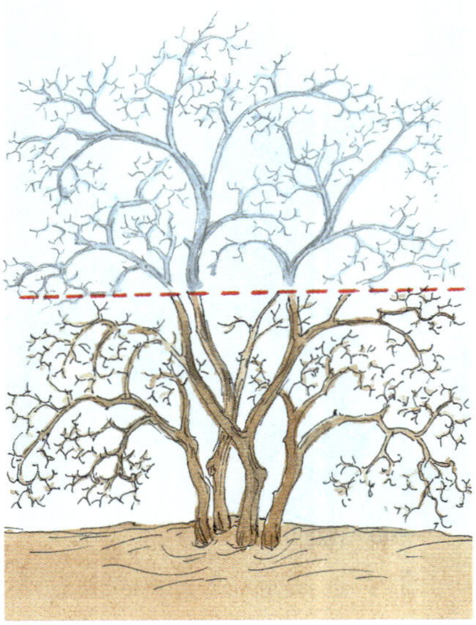

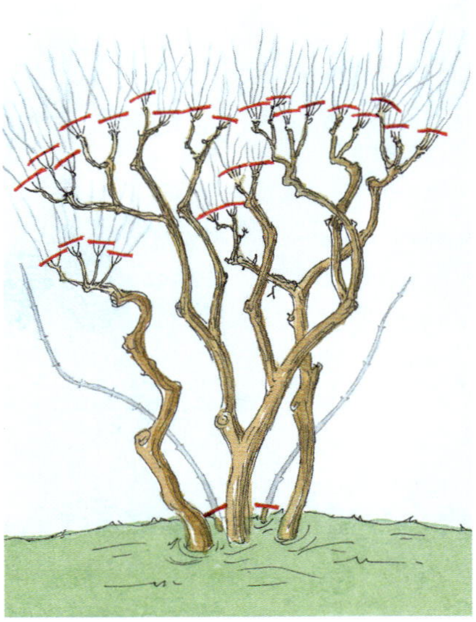

Geschnitten wie eine Hecke
Viele Gartenbesitzer schneiden die Triebe ihrer Sträucher mit der Schere wie eine Hecke auf gleiche Höhe zurück – ohne dass diese Sträucher Teil einer Hecke sind. Sie möchten auf diese Weise das Gehölz klein halten. Sträucher reagieren auf diesen Schnitt jedoch mit noch stärkerem Austrieb. Außerdem berücksichtigt ein solcher Schnitt weder die natürliche Wuchsform noch die Bildung der Blütentriebe und lässt auch außer Acht, wie der Schnitt den Neuaustrieb beeinflusst (Seite 28/29). Ist der Platz für einen Strauch zu klein, sollte man ihn besser durch eine andere Pflanze ersetzen oder ganz entfernen.

Die korrekte Alternative
Entfernen Sie die ältesten und vergreisten Triebe bodennah – aber nicht mehr als die Hälfte von ihnen, damit die Struktur des Gehölzes erhalten bleibt. Die zweite Hälfte schneiden Sie im nächsten Jahr zurück. Dann lenken Sie stark überhängende Triebspitzen auf jüngere, schräg nach oben und außen wachsende Triebe um. Sind dann noch immer dichte Besen zu sehen, lichten Sie diese bis auf einen Trieb aus. Der Strauch erhält dadurch eine lockere Form. Gleichzeitig regt der Schnitt das Wachstum junger Triebe an. Auf diese Weise wird das Gehölz verkleinert, auch wenn seine Höhe und Breite unverändert bleiben.

Nur junges Holz wird geschnitten
Oft werden bei Ziersträuchern nur junge Triebe im äußeren Bereich des Strauches geschnitten und jedes Jahr auf kleine Zapfen eingekürzt. Ebenso werden junge Bodentriebe entfernt, während die alten im Strauch verbleiben. Die Folge: Mit der Zeit verzweigen sich die Zapfen mehr und mehr, es bilden sich starke Besen oben im Strauch, während im Schatten darunter die Äste verkahlen. Der Strauch wirkt steif, die alten Triebe werden immer dicker und wirken wie die Stiele zu den oben und an den Seiten wachsenden Besen.

▶ **EXPERTENTIPP** Kürzen Sie keine einjährigen Triebe ein: Dies regt das Wachstum zu stark an.

Mit dem richtigen Know-how lassen sich Schnittfehler vermeiden. Unterläuft aber doch einmal ein Fehler, lässt er sich meist korrigieren – auch wenn die Korrektur vielleicht ein paar Jahre dauert.

Korrektur im folgenden Jahr

Entfernen Sie stark vergreiste Triebe im Strauch bodeneben. Lassen Sie lieber Jungtriebe stehen, und kürzen Sie diese nicht ein. Von den Besen, die sich gebildet haben, entfernen Sie ein Viertel im Innenbereich des Strauches komplett. Die übrigen Besen verschlanken Sie auf eine nach außen wachsende Triebfortsetzung und ein bis zwei kurze Seitentriebe. Die verbleibenden Triebe nehmen den Saftstau auf und fungieren als »Blitzableiter«. So werden im Lauf von drei bis vier Jahren die alten Äste durch junge ersetzt und das Gehölz erhält wieder seine typische Wuchsform.

Radikaler Schnitt bis auf den Boden

Einer der schwersten Fehler ist der Versuch, einen Strauch total zu verjüngen. Dabei werden alle Triebe auf 20–60 cm zurückgeschnitten. Dies hat zwei Konsequenzen: Zum einen stehen der Pflanze keine Jungtriebe mehr als »Blitzableiter« zur Verfügung, um den Saftdruck aufzunehmen. Sie muss erst Knospen aus den alten Holzteilen reaktivieren. Bis daraus Jungtriebe wachsen, steht die Pflanze stark unter Stress. Zum Zweiten gelingt die Verjüngung nur zum Teil, weil zwischen Wurzel und Jungtrieb immer noch ein Stück Altholz stehen bleibt. Aus altem Holz nachwachsende Jungtriebe altern schneller.

Echte Verjüngung

Nur wenn Sie alte Triebe direkt am Boden zurückschneiden, können aus der Wurzel Jungtriebe entstehen. Bei solchen Jungtrieben behindert kein altes Triebstück das Wachstum, und Sie erreichen damit eine echte Verjüngung. Diese Schnittmethode funktioniert aber nur bei unveredelten Sträuchern (Seite 41). Führen Sie den Verjüngungsschnitt in mehreren Etappen über zwei bis drei Jahre durch. Dann hat die Pflanze immer junge Knospen für einen schnellen Austrieb im Frühjahr und erleidet weniger Stress. Die vorerst verbleibenden alten Triebe lichten Sie etwas aus, um sie ebenfalls zu neuem Wachstum anzuregen.

► Verjüngen von veredelten Sträuchern: Seite 41

Vor der Blüte schneiden: Lavendel & Co.

ÄHNLICH WACHSEN:

Blasenspiere *Physocarpus opulifolius* und Sorten	schwache und vergreiste Triebe auslichten; bildet an der Basis gut Neutriebe
Blasenstrauch *Colutea arborescens*	nur die vergreisten und von Frost geschädigten Triebe ausschneiden
Färberginster *Genista tinctoria* und Sorten	ab dem Jahr nach der Pflanzung einjährige Triebe auf 10 cm einkürzen
Fünffingerstrauch *Potentilla fruticosa*-Sorten	einige einjährige Triebe auf die Hälfte einkürzen, alle anderen kurz über dem Boden entfernen
Gewürzsalbei *Salvia officinalis* und Sorten	ältere Triebe auf Knospen an der Basis zurückschneiden, Jungtriebe belassen
Heidekraut, Besenheide *Calluna vulgaris*-Sorten	auf Triebstummel zurückschneiden, nicht ins unbeblätterte Holz schneiden, sonst trocknet es ein
Heiligenkraut *Santolina*-Arten und -Sorten	halbkugelig schneiden, im Sommer verwelkte Blüten entfernen und etwas in Form schneiden
Johanniskraut *Hypericum calycinum*	jedes Jahr auf eine Handbreit über der Erde abschneiden
Liguster *Ligustrum*-Arten	auslichten nur bei Bedarf (Seite 88, Hecken)
Säckelblume *Ceanothus*-Hybriden und -Sorten	im Frühjahr das einjährige Holz auf kurze Triebstummel über dem Boden zurückschneiden
Silberstrauch *Perovskia abrotanoides*	bis auf 10 cm über der Erde zurückschneiden; oberirdische Triebe erfrieren oft
Sommerblühendes Heidekraut *Erica*-Arten und -Sorten	kräftig zurückschneiden; nur im beblätterten Triebbereich schneiden, sonst trocknen Triebe ein
Spiräen (sommerblühende) *Spiraea*-Arten und -Sorten	ein Drittel der einjährigen Triebe stehen lassen, den Rest fast bis auf den Boden zurückschneiden
Wermut, Eberraute *Artemisia*-Arten und -Sorten	Schnitt jährlich 5–10 cm über dem Erdboden

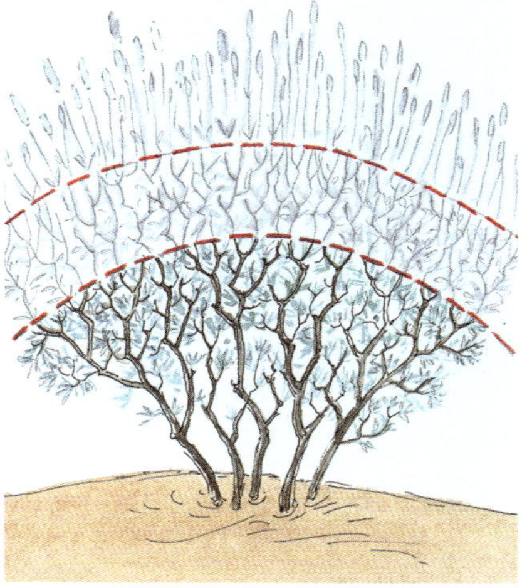

Lavendel
***Lavandula*-Arten und -Sorten**
Lavendel ist als mediterranes Gehölz frostempfindlich. Schneiden Sie ihn deshalb ab dem zweiten Jahr jährlich erst im späten Frühjahr, wenn die ersten Knospen antreiben, auf 10–15 cm zurück, sodass er die Form einer Halbkugel bekommt. Schneiden Sie aber nur so weit zurück, wie die Triebe Blätter tragen, damit sie nicht eintrocknen. Nach der Blüte entfernen Sie die Blütenstängel und schneiden den Busch leicht in Form. Dieser Schnitt sollte bis Ende Juli durchgeführt sein. Bei einem späteren Schnitt verholzen die Neuaustriebe bis zum Winter nicht mehr und erfrieren.

Bartblume
***Caryopteris × clandonensis*-Sorten**
Die Bartblume entwickelt kein dauerhaftes Gerüst, weil die oberirdischen Triebe in unserem Klima fast jeden Winter bis knapp über den Erdboden zurückfrieren. Ab dem Jahr nach der Pflanzung entfernen Sie im Frühjahr die verholzten Stängel. Führen Sie die Arbeit aber erst ab Anfang bis Mitte März aus, wenn die vitalen grünen Knospen bereits sichtbar sind. Die Bartblume wird in unseren Breitengraden eher wie eine Staude, nicht wie ein Gehölz behandelt.

Manche Sträucher tragen ihre Blüten an diesjährigen Trieben und blühen erst im Sommer und Herbst. Der richtige Schnitt im Frühjahr führt zu einer üppigen Blüte.

Sommerflieder
***Buddleja davidii*-Sorten**
Die Knospen des Sommerflieders sind frostempfindlich. Er wird deshalb erst ab Anfang März geschnitten. Der Schnitt soll zu kräftigem Wachstum anregen, da nur kräftige Triebe lang blühende, verzweigte Blütenstände bilden. Schneiden Sie die Sträucher deshalb etwa auf die Hälfte, mindestens aber auf 1 m zurück. Überalterte Triebe schneiden Sie bis auf 10 cm lange Zapfen über dem Boden ab. Sie trocknen zwar später ein, vorher wachsen aus ihnen aber neue Triebe. Schneidet man Sommerflieder so, dass er reich blüht, ist er bis zum Frühsommer leider nur wenig attraktiv. Verblühtes schneiden Sie im Sommer aus.

Rispenhortensie
***Hydrangea paniculata*-Sorten**
Das Gerüst von Rispenhortensien bleibt mehrere Jahre lang vital. Ohne Schnitt entwickelt es eine bizarre Form, aber nur noch wenige und kleine Blüten. Schneiden Sie deshalb die ersten drei Jahre im Frühjahr starke Triebe um ein Drittel, schwache um die Hälfte zurück. Ebenfalls im Frühjahr kürzen Sie einjährige abgeblühte Jungtriebe auf zwei bis vier Knospen ein. Vergreiste, stark verzweigte Triebe im Strauchinneren entfernen Sie. Lassen Sie kleine Zapfen stehen, aus ihnen wachsen leichter neue Triebe. Jungtriebe aus der Erde dienen später als Ersatz für alte, am Boden entfernte Triebe.

Hibiskus
***Hibiscus syriacus*-Sorten**
Hibiskus baut ein dauerhaftes Gerüst auf und blüht im Sommer fortlaufend an den neu zuwachsenden Trieben. Lassen Sie nur vier bis sieben Gerüsttriebe sowie einen hohen Mitteltrieb stehen, und schneiden Sie diese auf die Hälfte, mindestens aber um ein Drittel des letztjährigen Zuwachses zurück. Sie erkennen ihn daran, dass er nicht verzweigt ist. Die Seitentriebe der Gerüsttriebe kürzen Sie auf höchstens 10 cm Länge ein. Je kräftiger und länger der Strauch im Sommer wächst, umso länger blüht er. Stehen die Triebe zu dicht, lichten Sie diese aus; vergreistes, dunkles Holz entfernt man ebenfalls.

Nach der Blüte schneiden: Blüten an einjährigen Trieben

EBENFALLS NACH DER BLÜTE ZU SCHNEIDEN SIND:

Schösslingssträucher	
Winterheide *Erica carnea*-Sorten	Rückschnitt im Frühjahr um etwa zwei Drittel, nur im belaubten Trieb schneiden
Spiräen und Ähnliche	
Korallenbeere, Schneebeere *Symphoricarpos*-Arten	jedes Jahr die Hälfte der Bodentriebe ersetzen, überzählige im Sommer ausreißen, die Pflanze wuchert
Felsenbirne und Ähnliche	
Kätzchenweide *Salix caprea* und -Sorten	jedes Frühjahr nach der Blüte kräftig schneiden
Reifweide *Salix daphnoides* 'Praecox'	strenger Schnitt nach der Blüte (Seite 54, Kopfweide)
Rispensommerflieder *Buddleja alternifolia*	Gerüst bis 1 m hoch, einige Alibitriebe zur ästhetischen Gestaltung stehen lassen
Winterjasmin *Jasminum nudiflorum*	abgeblühte Langtriebe nach der Blüte zurückschneiden, einige Triebe zur ästhetischen Gestaltung belassen
Ähnlich wie Spiräe	
Deutzie, Maiblumenstrauch *Deutzia*-Arten und -Sorten	die einzelnen Triebe sind bis zu vier Jahren vital
Winterblühendes Geißblatt *Lonicera × purpusii*	Gerüstaufbau bis 1 m Höhe möglich, zu lange und schwache abgeblühte Triebe jährlich auslichten

Der klassische Fehler: der Schnitt im November

Vielerorts werden im Frühjahr blühende Blütengehölze schon im November eingekürzt. Ihre Ästhetik leidet darunter oft sehr stark, von den im Sommer so üppigen Sträuchern bleibt nicht viel übrig. Sie können im Winter dem Garten keine lebendige, natürliche Struktur verleihen. Darüber hinaus werden mit einem Schnitt zu dieser Zeit bei vielen Blütengehölzen gleich alle Blütenanlagen mit entfernt. Außerdem entsteht durch einen solchen Schnitt der Saftdruck nur oben an den Triebspitzen, deshalb bilden sich im nächsten Jahr lange, instabile Ruten. Gleichzeitig wachsen kaum noch Jungtriebe aus der Basis, die den Strauch verjüngen. Wenn Sie Ihre Sträucher bisher auf diese Art und Weise geschnitten haben, sollten Sie den Zeitpunkt und die Schnittform unbedingt umstellen. Schneiden Sie erst nach der Blüte, um die Blütenknospen an den einjährigen Trieben zu erhalten. Die Verjüngung (Seite 43) der überalterten Triebe führen Sie in Etappen durch. Es dauert zwar zwei bis drei Jahre, bis das Ergebnis der Umstellung zufriedenstellend ist, aber der Aufwand lohnt sich.

Diese im Frühjahr blühenden Ziersträucher tragen ihre Blüten an Langtrieben aus dem Vorjahr und werden nach der Blüte geschnitten.

Ranunkelstrauch
***Kerria japonica* und Sorten**

Der Ranunkelstrauch blüht zwar auch an einjährigen Langtrieben, am schönsten sieht er aber aus, wenn die Langtriebe im zweiten Jahr blühende Seitentriebe bilden. Triebe, die älter als zwei Jahre sind, blühen dagegen kaum noch, vergreisen und bilden Besen. Entfernen Sie sie deshalb jährlich an der Basis, damit der Strauch reichlich neue Triebe aus dem Boden entwickelt. Ist er bereits vergreist, ist es ratsam, alle alten Triebe zu entfernen und die Hälfte bis ein Drittel der Neutriebe ab dem folgenden Jahr auszulichten. Zu weit außen wachsende Ruten reißt man samt Wurzeln aus der Erde aus.

Mandelbäumchen
***Prunus triloba* 'Plena'**

Mandelbäumchen, ob auf Stamm oder bodennah veredelt, blühen am schönsten an einjährigen Langtrieben. Verzweigte, mehr als drei Jahre alte Äste, vergreisen schnell, die Pflanzen werden anfällig für den Pilz Monilia. Das Gehölz benötigt deshalb nach der Blüte einen rigorosen Schnitt. Kürzen Sie alle abgeblühten Triebe auf drei bis fünf Knospen ein. Während der dreijährigen Erziehung lassen Sie an vier bis fünf Trieben jedes Jahr 10 cm des Neuzuwachses stehen, sie bilden das Gerüst. Durch Monilia verdorrte Triebe schneiden Sie bis auf den ersten vitalen Trieb, mindestens aber um 10 cm zurück.

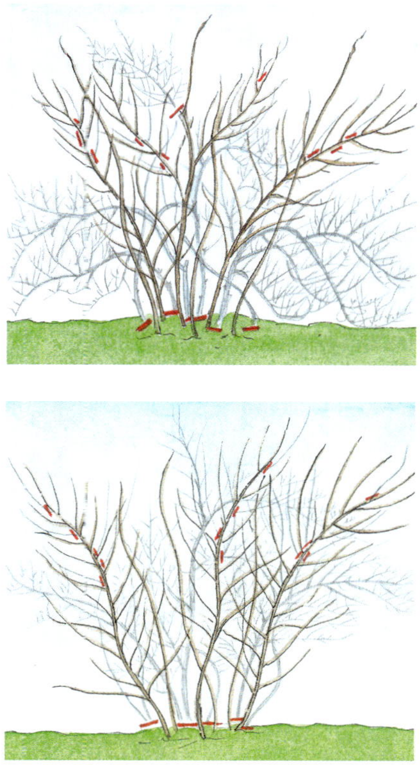

Spiräe, Spierstrauch
***Spiraea*-Arten und -Sorten**

Den frühjahrsblühenden Spiräen ist gemeinsam, dass sie nur ein schwaches Gerüst aufbauen. Die Triebe vergreisen schon nach drei Jahren; ältere Triebe erkennt man an der dunkleren, matten Rindenfarbe. Ersetzen Sie jährlich ein Viertel der alten Triebe durch Jungtriebe, und kürzen Sie einjährige Jungtriebe nicht ein. Bei den älteren Trieben entfernen Sie vergreistes Holz. Ein Jahr später (unten) haben sich an den Schnittstellen neue Triebe gebildet. Lassen Sie so viele kräftige Triebe stehen, wie Sie wiederum alte entfernen. Die übrigen Jungtriebe entfernen Sie und verschlanken die Triebspitzen.

Nach der Blüte schneiden: ergiebig auch im zweiten Jahr

ÄHNLICH NACH DER BLÜTE ZU SCHNEIDEN SIND:

Schnitt wie bei Forsythie

Blutjohannisbeere *Ribes sanguineum*-Sorten	auslichten, zu lange Triebe auf Seitentriebe nach außen umlenken
Geißblatt *Lonicera*-Arten	regelmäßig auslichten, als Bodendecker wachsende Pflanzen auch am Boden kräftig verjüngen
Kolkwitzie *Kolkwitzia amabilis*	der einzelne Bodentrieb ist länger vital, und der Strauch bildet ein stabileres Gerüst als die Forsythie
Schneeforsythie *Abeliophyllum distichum*	der einzelne Bodentrieb bleibt länger vital als die Forsythie
Schönfrucht *Callicarpa bodinieri*-Sorten	Triebe sind längerlebig, im oberen Bereich Besen auslichten
Weigelie *Weigela*-Arten und -Sorten	jährlich ein Drittel der Triebe an der Basis abschneiden, restliche abgeblühte Triebe verschlanken

Schnitt wie bei Schneeball

Falscher Jasmin, Pfeifenstrauch *Philadelphus*-Arten und -Sorten	nach der Blüte auslichten und die Spitzen verschlanken, einjährige Langtriebe stehen lassen

Ball- und Tellerhortensien, die auch im Sommer blühen

Ball- und Tellerhortensien, *Hydrangea macrophylla*, neue Sorten wie z. B. 'Endless Summer', 'Double Star', 'Forever and Ever', 'Everbloom'	neue Sorten der Ball- und Tellerhortensien blühen nicht nur an einjährigen, sondern bis in den Herbst auch an diesjährigen Trieben. Man schneidet sie strenger als die alten Sorten. Ältere Triebe bodeneben entfernen, sodass nur einjährige Triebe verbleiben. Diese um die Hälfte einkürzen. Im Sommer Verblühtes entfernen, um eine Nachblüte zu fördern.

Forsythie, Goldglöckchen
***Forsythia* × *intermedia*-Sorten**
Ihre schönste Blüte entwickeln Forsythien, wenn sich die Langtriebe im zweiten Jahr verzweigen. Nur in warmen Regionen blühen sie zuverlässig auch an einjährigen Langtrieben. Lassen Sie deshalb Langtriebe mit Seitenzweigen stehen. Eingekürzt werden sie nur, wenn die Triebe zu lang und instabil werden. Direkt nach der Blüte lichten Sie an den zweijährigen Trieben die Besen aus und lenken sie auf einen tiefer stehenden einjährigen Seitentrieb um. Auch die Hälfte der dreijährigen Triebe lichten Sie aus; die anderen entfernen Sie am Boden, ebenso alle dunkelbraunen älteren Triebe.

Forsythie: ein Jahr später
Werden ältere Triebe direkt am Boden entfernt, wachsen im folgenden Jahr mehrere Neutriebe nach. Von diesen belassen Sie drei mit kräftigem Wuchs, die reichlich Licht bekommen und sich gut in die Form des Strauches einfügen. Schwache, hoch aufgeschossene und zu eng stehende Jungtriebe entfernen Sie bodeneben. Auch in diesem Jahr schneiden Sie Triebe, die älter als drei Jahre sind, heraus und lenken Besen auf einjährige Seitentriebe um. Achten Sie darauf, dass diese Seitentriebe in dieselbe Wuchsrichtung nach außen zeigen wie der untere Teil des Triebes. Die Triebe sollten gleichmäßig verteilt sein, damit der Strauch füllig wirkt.

Gehölze wie die Forsythie blühen an den einjährigen Langtrieben ebenso reich wie an den einjährigen Seitenverzweigungen der Langtriebe.

Gefüllter Schneeball
***Viburnum opulus* 'Roseum'**
Der Echte Schneeball bildet ein stabiles Gerüst und kann bis zu 4 m hoch werden. Am Boden entspringende Triebe bleiben etwa sechs bis acht Jahre vital. Er blüht an den einjährigen Trieben, aber auch nur 10 cm lange Triebe tragen Blüten. Vergreiste Triebe, die kaum noch blühen, entfernen Sie nahe am Boden. Sie werden durch bereits ausgetriebene Jungtriebe ersetzt. Schneeballblüten können so schwer werden, dass sich die Triebe biegen und am Scheitelpunkt kräftig austreiben. Lichten Sie deshalb nach der Blüte die Triebspitzen aus. Besen leiten Sie auf schräg nach außen wachsende Jungtriebe um.

Besenginster, Geißklee
***Cytisus*-Arten und -Sorten**
Ohne Schnitt verkahlt Besenginster nach einigen Jahren. Es ist deshalb wichtig, von Anfang an jährlich zwei Drittel der abgeblühten Triebe auf 5 cm Länge zurückzuschneiden. Ein Drittel der Triebe bleibt am Strauch, damit die Struktur des Gehölzes erhalten bleibt. Im nächsten Jahr nach der Blüte schneiden Sie diese Triebe jeweils auf den am tiefsten wachsenden einjährigen Seitentrieb zurück und schneiden auch die abgeblühten Triebe wieder wie beschrieben ab. So regen Sie das Wachstum neuer, grünholziger Triebe an, und der Strauch bleibt kompakt und dicht.

Ballhortensie, Tellerhortensie
Hydrangea macrophylla, H. serrata
Diese Hortensien tragen ihre Blütenknospen an einjährigen Langtrieben, aber auch an kürzeren Seitenzweigen älterer Triebe. Kurz vor dem Austrieb sind die dicken Blütenknospen unterhalb der letztjährigen Blütendolden gut zu sehen. Schneiden Sie die Blütendolden dicht über der ersten dicken Knospe ab. Nach drei bis vier Jahren vergreisen die Triebe und blühen kaum noch. Schneiden Sie deshalb jährlich ein Viertel der Triebe am Boden ab, und lassen Sie Jungtriebe als Ersatz. Schwache Jungtriebe entfernen Sie. Verzweigungen im Spitzenbereich verschlanken Sie, um den Trieb zu entlasten.

► **EXPERTENTIPP** Hortensien-Arten sind eine Ausnahme und werden vor der Blüte geschnitten.

Nach der Blüte schneiden: Blüten auch am älteren Holz

ÄHNLICH ZU SCHNEIDEN SIND:

Berberitze *Berberis*-Arten und -Sorten	Triebe am Boden auslichten, Spitzen verschlanken, immergrüne wenig schneiden
Blutpflaume *Prunus cerasifera* 'Nigra'	große Schnitte vermeiden, nach der Blüte Triebenden auf junge Triebe umleiten
Echter Gewürzstrauch *Calycanthus floridus*	alte und frostgeschädigte Triebe am Boden auslichten, Spitzen verschlanken
Feuerdorn *Pyracantha*-Sorten	Bodentriebe nach sechs Jahren durch Jungtriebe ersetzen, Spitzen verschlanken
Goldregen *Laburnum*-Arten	verträgt Schnitt nicht, wenn nötig, nur im Sommer
Hartriegel *Cornus*-Arten und -Sorten	Schnitt kaum nötig, ggf. einzelne Triebe auslichten oder Mitte fördern, entwickeln Charakter erst im Alter, Arten mit farbiger Rinde (Seite 55)
Haselnuss *Corylus avellana* und Sorten	v. a. überzählige Bodentriebe im Sommer ausreißen, Spitzen verschlanken, lange vital
Scheinquitte, Zierquitte *Chaenomeles*-Arten und -Sorten	Bodentriebe bleiben drei bis fünf Jahre vital, dann am Boden auslichten, Spitzen verschlanken
Spindelbaum, Pfaffenhütchen *Euonymus*-Arten	bilden ein stabiles Gerüst, Schnitt beschränkt sich auf Auslichten
Strauchartige Ahornarten *Acer palmatum*, *A. japonicum*	wenn nötig, nur im Sommer: Spitzen verschlanken, sonst kein Schnitt
Strauchhortensien *Hydrangea quercifolia u. a.*	nur alle drei bis vier Jahre bodennah auslichten, Triebspitzen nicht zurückschneiden
Zierapfel *Malus*-Arten und -Sorten	in der Jugend auslichten, später nur Triebenden verschlanken, vergreiste Triebe entfernen
Zierkirsche *Prunus*-Arten und -Sorten	zur Erziehung auslichten, sonst kaum Schnitt nötig, dann nur im Sommer
Zwergmispel *Cotoneaster*	Strauchartige auslichten, Zapfen belassen

Schneeball-Arten
***Viburnum*-Arten und -Sorten**
Winterblühende und halbimmergrüne Schneeballarten bilden ein stabiles, langlebiges Gerüst. Erst fünf bis acht Jahre nach dem Pflanzen müssen vergreiste Triebe am Boden entfernt und durch Jungtriebe ersetzt werden. Außerdem verschlanken Sie die Spitzen oder ersetzen überhängende Triebe durch junge, die schräg nach außen wachsen. Treiben viele Jungtriebe aus der Erde, reißen Sie diese schon im Sommer aus. Verkahlen Triebe an der Basis, lichten Sie zu dicht stehende Triebe aus. Schneiden Sie immer nach der Blüte und nur in Maßen, um den Charakter des Strauches zu erhalten.

Zaubernuss
***Hamamelis*-Arten und -Sorten**
Die Zaubernuss trägt gleichmäßig verzweigte Triebe. Sie blüht auch an alten Trieben zuverlässig. Entfernen Sie nach der Blüte nur quer wachsende Triebe und verschlanken Sie die Spitzen, damit Licht ins Innere des Strauches gelangt. Lassen Sie beim Schneiden einen Mitteltrieb stehen, denn die Zaubernuss bildet oft von allein keine Mitte. Wird der Strauch zu breit, lenken Sie die längsten Triebe vorsichtig auf weiter innen stehende, nach außen weisende Seitentriebe um. Bei veredelten *Hamamelis*-Sträuchern entstehen nur selten Wildtriebe. Wenn doch, reißen Sie sie im Sommer aus.

Diese Sträucher sind ideal, wenn Sie nicht oft schneiden wollen: Sie blühen zwar auch an einjährigen Kurztrieben, die Blütentriebe bleiben aber lange vital. Auch ältere, kurze Triebe blühen noch nach Jahren.

Kornelkirsche
Cornus mas

Die Kornelkirsche bildet auch ohne Schnitt eine ebenmäßige Krone. Sie entwickelt drei bis fünf stammartige Triebe, die bis zu 30 Jahre wüchsig bleiben. Schneiden Sie deshalb so wenig wie möglich, und entfernen Sie nur dann ganze Gerüstäste am Boden, wenn Sie die Größe verringern wollen. Ein Jungtrieb nahe der Schnittstelle übernimmt später die Funktion des entfernten Astes. Verschlanken Sie die Triebspitzen, damit genug Licht in den Strauch fällt. Kürzen Sie Äste nie ein, Sie zerstören sonst die Wuchsform. Entfernen Sie nur sich kreuzende und quer wachsende Triebe.

Felsenbirne
***Amelanchier*-Arten und -Sorten**

Die Felsenbirne hält man klein, indem man jedes Jahr nach der Blüte ein Fünftel der Bodentriebe entfernt und durch gleich viele Jungtriebe ersetzt. Im Idealfall bleiben zehn Bodentriebe stehen. Überzählige Jungtriebe entfernt man. Die Art kann auch ein vitales Gerüst bilden. Lassen Sie dann nur fünf bis sieben Triebe stehen, und verschlanken Sie die Spitzen. Sehr lange, instabile Triebe lenken Sie auf tiefer stehende Seitentriebe um. Sind bis zu 30 cm unterhalb der neuen Fortsetzung weitere, gleich starke Äste vorhanden, entfernen Sie diese. So beugen Sie der Besenbildung an der neuen Triebspitze vor.

Flieder – die Ausnahme
***Syringa vulgaris*-Sorten**

Beim Flieder sitzen die Blütenknospen an den Spitzen der einjährigen Triebe. Da er mit dem Ende der Blüte auch sein Wachstum abschließt, bringt ein Schnitt nach der Blüte keinen Vorteil – er treibt nicht mehr zuverlässig aus (Seite 40). Entfernen Sie im Sommer nur Verblühtes, und reißen Sie überzählige Bodentriebe aus. Verkahlte oder vergreiste Gerüstäste entfernt man dagegen vor der Blüte bodennah und zieht Jungtriebe nach. Sind kahle, sich gabelnde Triebe vorhanden, schneiden Sie einen Trieb in der oberen Strauchhälfte heraus. Es bilden sich Jungtriebe als Ersatz.

Wildtriebe entfernen und Sträucher verjüngen

Wildtriebe richtig entfernen

Bei veredelten Gehölzen erscheinen von Zeit zu Zeit Wildtriebe der Unterlage aus der Erde. Bei der Korkenzieherhasel etwa sind sie gut an ihrem geraden Wuchs zu erkennen. Reißen Sie Wildtriebe schon im Sommer aus der Erde. Dann sind sie noch weich und biegsam. Manchmal ist es dazu notwendig, die Erde etwas aufzugraben. Schneidet man die Wildtriebe dagegen am Boden ab, wird ihr Wachstum durch den entstehenden Saftstau zusätzlich angeregt. Sind durch mehrmaligen Schnitt ältere Köpfe am Boden entstanden, entfernen Sie den ganzen Kopf am besten mit einer Säge direkt an der Wurzel.

► Veredelte Pflanzen: Seite 14/15

Häufiger Fehler: Kappen

Ein Gehölz zu verjüngen heißt, es zu revitalisieren, und manchmal auch, es zu verkleinern. Das ist nötig, wenn ein regelmäßiger Schnitt versäumt wurde. Ein häufiger Fehler ist dabei jedoch, ganze Äste zu kappen. Die Folge: Die Pflanze besitzt keine jungen, zum Austrieb bereiten Knospen mehr und muss daher unter der Rinde liegende reaktivieren. Die spät erscheinenden, hoch aufgeschossenen Jungtriebe sind nicht stabil mit dem alten Astwerk verwachsen und brechen leicht. Das Gleichgewicht zwischen Wurzel und Krone ist gestört. Saftdruck entsteht nur oben und außen an den Schnittstellen, aus der Basis treiben keine Jungtriebe aus.

Beispiel: Zieräpfel richtig verjüngen

Zieräpfel bauen ein langlebiges Gerüst auf, ihr Blütenholz ist über Jahre vital. Erst nach zehn bis 15 Jahren beginnen sie zu vergreisen. Die Vitalität ganzer Triebe lässt nach, es bilden sich Besen, die nur noch wenige Blüten tragen. Ziel des Schnittes ist es nun, die Form mit einer höher wachsenden Mitte zu erhalten und Licht ins Strauchinnere zu bringen. Lenken Sie im Frühjahr stark vergreiste Äste auf einen tiefer stehenden Ast um. So ensteht ein Saftstau im Inneren des Strauches. Neue Triebe treiben nur innen im Strauch aus, nicht am Rand des Strauchs. Die Triebspitzen verschlanken Sie auf einen jungen Trieb als neue Spitze.

► Verjüngen: Seite 31

Lässt die Vitalität von Ziersträuchern nach, brauchen sie einen Verjüngungsschnitt. Ist die Vergreisung sehr weit fortgeschritten, führt man ihn über mehrere Jahre in Etappen durch.

Ein Jahr nach der Verjüngung
Nach dem starken Schnitt im letzten Jahr beschränkt sich der Schnitt jetzt auf die Pflege des Neuzuwachses. An den Schnittstellen, wo größere Äste umgelenkt wurden, haben sich etliche einjährige Jungtriebe gebildet. Steile und nach innen wachsende Triebe entfernen Sie vollständig. Flache und nach außen wachsende Triebe belassen Sie, diese bilden ab dem nächsten Jahr neues Blütenholz. Kürzen Sie diese Triebe nicht ein, sonst wird das Wachstum angeregt, und es bilden sich keine Blüten. Im oberen Bereich können Sie überhängende Äste auf jüngere Triebe umlenken und Triebspitzen verschlanken – beides aber mit Zurückhaltung!

Zwei Jahre nach der Verjüngung
Die jetzt zweijährigen Jungtriebe haben Blütenknospen angesetzt. Den einjährigen Neuzuwachs an deren Triebenden verschlanken Sie. Sind an den Schnittstellen weitere Jungtriebe entstanden, so lichten Sie diese erneut aus. Lassen Sie nur einige flache, nach außen wachsende Triebe stehen. Wenn nötig, können Sie wie im 1. Jahr vergreiste Äste entfernen. Ein Jungtrieb, der nahe der Gehölzbasis wächst, sollte schlank und ohne Einkürzen wachsen können. Er dient in kommenden Jahren als Ersatz für einen älteren Trieb. Das Gehölz bleibt im Wachstum ruhig, weil die Blütentriebe einen Großteil des Saftdrucks aufnehmen.

Drei Jahre nach der Verjüngung
An den Schnittstellen des 1. Jahres hat sich das Wachstum beruhigt. Die dreijährigen Triebe nehmen den Saftfluss auf. Nun teilen Sie diese Triebe nach ihrer Funktion auf: Ein Teil dient dem Ersatz des Gerüstes; diese Triebe verschlanken Sie. Der größte Teil aber dient als Blütentriebe. Jetzt, nach drei Jahren, können Sie einige entfernen, denn es sind schon wieder zweijährige Triebe mit Blütenknospen nachgewachsen. Lassen Sie ein paar einjährige Triebe stehen, damit es auch in Zukunft genug Blütentriebe gibt, und kürzen Sie sie nicht ein. Vergreisende Spitzen ersetzen Sie weiterhin durch schräg nach oben stehende Jungtriebe.

Schnitte, die Form und Farbe erhalten

ALS KOPFGEHÖLZE MIT FARBIGEN BLÄTTERN ODER DEKORATIVER RINDE GEEIGNET:

Name	Merkmale/Schnitt
Blutberberitze *Berberis thunbergii* 'Atropurpurea'	tiefrote Blätter, einjährige Triebe bis zu 1 m, durch den Schnitt gibt es weniger Blüten und Früchte
Gelbholziger Hartriegel *Cornus stolonifera* 'Flaviramea'	gelbe Rinde an ein- bis dreijährigen Trieben, Verzweigungen verschlanken
Korbweide *Salix viminalis*	Rinde gelb-grün, zum Flechten und Binden geeignet, Triebe bis 3 m lang, Schnitt im Februar
Korkenzieherweide *Salix matsudana* 'Tortuosa'	Triebe wachsen bis zu 3 m im Jahr, zusätzliches Einkürzen im Sommer hält die Triebe kürzer
Perückenstrauch *Cotinus coggygria* 'Royal Purple'	rote Blätter, Triebe wachsen bis 2 m in einem Jahr, große Schnittstellen vermeiden
Reifweide *Salix daphnoides* 'Praecox'	Schnitt nach der Blüte, einjährige Triebe mit attraktivem weißgrauen Belag, bis zu 3 m Länge
Rotholziger Hartriegel *Cornus alba* 'Sibirica'	rote Rinde an ein- bis dreijährigen Trieben, Trieblänge bis zu 2 m in einem Jahr, Triebe bodennah entfernen
Salweide, Kätzchenweide *Salix caprea* 'Mas'	Schnitt nach der Blüte, reich blühende Triebe bis zu 2 m Länge, schöner Kopfbaum
Zwergblutpflaume *Prunus × cistena*	rotblättrige Triebe, Triebe wachsen bis 1,5 m in einem Jahr, Blütenbildung wird durch den Schnitt eingeschränkt

Holunder als Baum oder Strauch

Holunder kann man wie einen Strauch behandeln, der ein langlebiges Gerüst bildet (Seite 50/51). Er lässt sich aber auch als Baum ziehen, da er stammähnliche Gerüstäste bildet. Die schönsten Blüten und Früchte bildet er an einjährigen Langtrieben. Nach der Ernte lenken Sie diese Triebe auf einen etwa 2 m langen diesjährigen Langtrieb um. Im nächsten Sommer wird er sich unter der Fruchtlast biegen. Entfernen Sie kurze Triebe deshalb, sonst brechen sie unter dem Gewicht der Beeren. Jedes Jahr bleiben pro Gerüstast etwa zehn Fruchtäste stehen, überzählige entfernen Sie. Ziel ist, dass der Holunder wüchsig und kompakt bleibt.

Kopfweiden erziehen

Einst entstand diese Schnittform, um lange, einjährige Weidenruten zum Flechten von Körben zu gewinnen. Der Erziehungsschnitt dauert mehrere Jahre: Die junge Rute wird zunächst auf die beabsichtigte Stammhöhe eingekürzt. In den folgenden Jahren schneiden Sie die neuen einjährigen Triebe jedes Frühjahr knapp über der Austriebsstelle zurück. Der sich bildende Kopf wird mit zunehmendem Alter dicker. Verletzen Sie ihn möglichst nicht, sonst fault er. Kleine Schnittstellen können dagegen in einem Sommer wieder heilen. Kätzchenweiden schneiden Sie direkt nach der Blüte zurück, Korbweiden im Februar.

Nicht alle Ziersträucher glänzen mit Blüten: Einige bestechen durch ihre Form, andere durch farbenprächtige Rinde oder durch bunte Blätter. Spezielle Schnittmethoden fördern diese Merkmale.

Hartriegel im Alter
Hartriegel verblasst im Alter. Nur die jungen Langtriebe des buntholzigen Hartriegels sind reizvoll gelb oder rot gefärbt. Diese Färbung hält höchstens drei oder vier Jahre an. Vergreist der Strauch, verliert er seine Farbe, da er dann nur noch kurze Neutriebe entwickelt. Der überwiegende Teil des Gehölzes besteht dagegen aus altem Holz, dessen Rinde bräunlich gefärbt ist. Hartriegel muss deshalb im Frühjahr regelmäßig stark ausgelichtet werden und eignet sich aus diesem Grund wenig als Sichtschutz.

Bunte Rinde durch Schnitt erhalten
Damit die Rinde des Hartriegels schön gefärbt bleibt, müssen Sie alle Triebe, die älter als drei Jahre sind, am Erdboden entfernen. Nur so können ausreichend attraktive Jungtriebe nachwachsen. Verzweigungen an der Spitze der verbleibenden Triebe verschlanken Sie. Zu weit nach außen wuchernde Bodentriebe reißen Sie im Sommer aus, denn Hartriegel breitet sich sonst zu sehr aus. Führen Sie den Schnitt erst kurz vor dem Austrieb im Frühjahr durch. So bleibt die Farbe des Strauches im Winter und fast das ganze Frühjahr über erhalten und ziert den kahlen Garten.

Buntes Laub durch Schnitt erhalten
Die jungen Blätter der Neutriebe des rotlaubigen Perückenstrauches sind am intensivsten gefärbt. Die Sträucher werden deshalb oft als Begleitgehölze in Staudenrabatten verwendet. Ältere, ausgewachsene Blätter verlieren nach einigen Wochen an Leuchtkraft. Mit einem kräftigen Schnitt erreichen Sie, dass die Triebe den ganzen Sommer über nachwachsen und neue Blätter bilden. Der Zuwachs pro Jahr kann bis zu 1,5 m betragen. Je nachdem, wie hoch der Strauch in der Rabatte werden soll, schneiden Sie die Triebe auf 30–100 cm zurück. Durch den jährlichen Schnitt entstehen nur kleine Schnittwunden, die schnell heilen.

Immergrüne, Zwergsträucher und Bodendecker

KURZINFORMATION

IMMERGRÜNE LAUBGEHÖLZE

Ähnlich wie Rhododendron und Lorbeerkirsche schneiden: Aukube *(Aucuba)*, Gagelstrauch (*Myrica*), Glanzmispel (*Photinia*), Kamelie (*Camellia*), Lorbeerrose (*Kalmia*), Mahonie (*Mahonia*), Mäusedorn (*Ruscus*), Torfmyrte (*Pernettya*), Zistrosen (*Cistus*). Wenn sie verkahlen, nur im späten Frühjahr direkt vor dem Austrieb schneiden.

ZWERGSTRÄUCHER

Seidelbast (*Daphne*), Silberwurz (*Dryas*), Strauchveronika (*Hebe*) und Zwergmispeln (*Cotoneaster*): Nur ab und zu auslichten. Vertrocknete Triebe im Frühjahr entfernen. Überalterte Sträucher beim Austrieb auf tiefer stehende Triebe umlenken.

BODENDECKENDE GEHÖLZE

Geißblatt (*Lonicera pileata*), Kriechspindel (*Euonymus fortunei*-Sorten), Zwergmispel (*Cotoneaster dammeri*-Sorten): Nur schneiden, wenn sie stellenweise verkahlen oder Triebe sich überwuchern. Wuchernde Arten wie Scheinbeere (*Gaultheria*) und Ysander (*Pachysandra*) nur schneiden, wenn Triebe zu lang werden und verkahlen.

Lorbeerkirsche
Prunus laurocerasus-Sorten, *P. lusitanica* und andere

Lorbeerkirschen sind sehr schnittverträglich. Schneidet man sie ab Anfang April, so treiben sie sofort aus. Lenken Sie beim Schnitt die längsten oder störende Triebe im Strauchinneren um. Lassen Sie einen 1 cm langen Zapfen stehen, das fördert den Neuaustrieb. Achten Sie darauf, dass die Schnittstelle von Blättern verdeckt wird. Verzweigen sich Triebe an der Spitze sehr oft, verschlanken Sie diese. Dieser Schnitt ist auch für Hecken (Seite 90/91) geeignet. Schneiden Sie Lorbeerkirschen aber nie mit der Heckenschere, die angeschnittenen Blätter werden braun.

Stechpalme
Ilex-Arten und -Sorten

Die Stechpalme braucht keinen jährlichen Schnitt. Ihre Triebe verkahlen allerdings schneller als die anderer Immergrüner. Sobald die Pflanze mit dem Austrieb beginnt, lenken Sie lange, dünne, überhängende Triebe auf weiter innen wachsende Seitentriebe um. Lassen Sie Zapfen stehen, dies fördert den Neuaustrieb an der Schnittstelle. Sind einzelne Triebe im Winter vertrocknet, schneiden Sie diese im Frühjahr aus. Bei Stechpalmen gibt es weibliche und männliche Pflanzen. Damit eine weibliche Pflanze Früchte bilden kann, muss also eine männliche in der Umgebung stehen.

Immergrüne schmücken Gärten vor allem im Winter durch ihr frisches Grün. Zwergsträucher und Bodendecker kaschieren kritische Stellen. Sie alle schneidet man nur ab und zu bei Bedarf.

Gewöhnlicher Buchsbaum *Buxus sempervirens* var. *arborescens*
Buchs braucht meist keinen Schnitt. Wird er zu groß, schneiden Sie einzelne Äste im Inneren des Strauches heraus und lassen kleine Zapfen stehen. Verkahlt die Pflanze von unten, verschlanken Sie die Triebenden, damit wieder Licht ins Innere gelangt und sich neue Triebe bilden. Schneiden Sie ab Anfang April, das garantiert, dass die Pflanze sofort austreibt. Buchs lässt sich bis Mitte Juli schneiden, es sollte aber nicht zu heiß sein. Im Winter dürfen Sie nicht schneiden, sonst friert der Buchs zurück. Zum Dekorieren können Sie aber einzelne Triebe entnehmen.

Rhododendron verjüngen *Rhododendron*
Rhododendren benötigen keinen jährlichen Schnitt. Doch im Alter werden die Sträucher lückig, einzelne Triebe werden kahl. Dann können Sie Rhododendren verjüngen: Entfernen Sie die längsten Triebe im Strauchinneren oder sogar im unteren Drittel bis auf einen 5 cm langen Zapfen an einer Verzweigung. Der verbleibende Trieb ernährt den Zapfen, dieser trocknet nicht ein. Zum Verjüngen dürfen Sie bis zu einem Drittel der vorhandenen Krone entfernen. Der beste Zeitpunkt ist das Frühjahr vor dem Austrieb, nach der Blüte ist es zu spät. Verblühtes brechen Sie vorsichtig direkt nach der Blüte aus.

Ein Jahr nach der Verjüngung
Im Sommer nach dem Verjüngungsschnitt haben die stehen gelassenen Zapfen ausgetrieben. Wo sie zurückgetrocknet sind, entfernen Sie die verdorrten Stücke. Sie können nun in einem zweiten Schritt ein weiteres Drittel der Krone auf Zapfen zurückschneiden. Ist aus dem letzten Schnitt ein kräftiger Austrieb entstanden, kann der verbliebene alte Ast ebenfalls auf einen Zapfen zurückgeschnitten werden. Ist kein Neutrieb entstanden, wartet man mit dem Rückschnitt des alten Triebes noch ein Jahr. Lassen Sie bodennahe Jungtriebe stehen, sie sind in einigen Jahren die Grundlage für weitere Verjüngungen.

► Formschnitt bei Buchs und anderen Gehölzen: Seite 94/95

► EXPERTENTIPP Spezialdünger und Wassergaben fördern den Neuaustrieb bei Rhododendron.

Zwerge im Nadelkleid

KURZINFORMATION
SCHNITT BEI NADELGEHÖLZEN

Grundsätzlich gilt: Nadelgehölze vertragen keine massiven Verjüngungsschnitte wie etwa Laubgehölze. Einzige Ausnahme ist die Eibe (Seite 64 und 93). Wird ein Nadelgehölz zu groß und ist ein maßvoller Schnitt nicht möglich, bleibt nur der Ersatz des Gehölzes.

Ist ein Schnitt nötig, sollten Sie so wenig wie möglich schneiden. Fehler beim Schnitt sind oft über mehrere Jahre sichtbar. Erhalten Sie die natürliche Form des Gehölzes. Formschnitt und formale Hecken sind ein Sonderfall (ab Seite 92).

Erfolgt der Schnitt unterhalb der letzten Nadeln oder wächst kein benadelter Seitenzweig in der Nähe der Schnittstelle, trocknet der verbleibende Trieb weit zurück.

Im Mai ist der Schnitt für die meisten Koniferen am verträglichsten. Soll das Wachstum eher beruhigt werden, ist ein Schnitt im Juli und August ratsam. Vermeiden Sie sehr heiße, sonnige Tage, sonst entstehen leicht Verbrennungen, und die Nadeln vertrocknen.

Wacholder
***Juniperus*-Arten und -Sorten**

Kleine Nadelgehölze wie Zwergwacholder verlieren beim Wachsen schnell ihre ideale Form. Die unteren Triebe bekommen dann nicht mehr genug Licht, die Nadeln werden braun und sterben ab. Das Ziel des Schnittes ist es deshalb, die Sträucher kompakt zu halten und dafür zu sorgen, dass sie nicht verkahlen. Dazu schneiden Sie die längsten Triebe im Innenbereich des Gehölzes auf einen benadelten Seitentrieb zurück. Er wächst weiter und wird die Schnittstelle bald verdecken. Der beste Zeitpunkt für den Schnitt ist von Anfang Mai bis Anfang August.

▶ Wacholder eignet sich für einen Formschnitt im japanischen Stil: Seite 140

Strauchige Kiefern
***Pinus*-Arten und -Sorten**

Kiefern verkahlen oft, sind aber gegenüber Schnittmaßnahmen sehr empfindlich. Am besten kürzt man die jungen Austriebe, solange sie noch nicht verholzt sind, im Frühsommer ein. Es bilden sich dann mehrere Seitenknospen und Verzweigungen. Bei älteren Gehölzen schneidet man zu lange Triebe auf einen Seitentrieb zurück und lässt einen kleinen Zapfen stehen. Schneiden Sie im Mai/Juni, damit die Zapfen nicht eintrocknen.
Für die Kiefer ist ein skurriler, lockerer Wuchs typisch; ein Schnitt ist dem Aussehen nicht immer förderlich. Schneiden Sie deshalb möglichst wenig.

Nadelgehölze sind ideal, wenn Sie Gehölze wünschen, die wenig geschnitten werden müssen. Ist doch einmal ein Schnitt nötig, sollten Sie nur behutsam zur Schere greifen.

Zwergthuja
***Thuja occidentalis*-Sorten**
Zwergthujen wachsen langsam, können aber nach Jahren Höhen von mehreren Metern erreichen. Im Garten sollen sie meist nur 2 m hoch werden. Die Höhe kann durch den Schnitt reguliert werden. Das Ergebnis ist aber nur ästhetisch, wenn Sie schneiden, bevor die Pflanze die gewünschte Höhe erheblich überschreitet. Lenken Sie im Frühsommer die längsten Triebe im Inneren der Pflanze auf einen Seitentrieb um. Achten Sie darauf, dass die Schnittstelle nicht sichtbar ist. Die Pflanze sollte oben schmal und unten breiter sein. Schneiden Sie die Spitze schlank, erhalten Sie aber einen senkrechten Trieb.

Kugelthuja
***Thuja occidentalis* 'Danica', *T. o.* 'Recurva Nana'**
Diese kugelig wachsenden Thujasorten bleiben auch ohne Schnitt über Jahre kompakt, sie wachsen von Natur aus in gleichmäßiger Form. Dieser geschlossene Wuchs ist hier erwünscht, er gehört zum typischen Erscheinungsbild der Pflanze. Der Schnitt beschränkt sich deshalb auf das Entfernen trockener Triebe nach dem Winter. Werden die Pflanzen zu groß oder fallen auseinander, schneidet man im Frühsommer einzelne Triebspitzen aus. Entfernt man größere Triebe im Inneren des Strauches, kann die Pflanze die Lücke nur langsam schließen.

Nadelgehölze in Töpfen
Koniferen im Topf werden nur, wenn es wirklich nötig ist, im Frühsommer zurückgeschnitten. Wie beim Wacholder entfernen Sie dabei überlange Triebe. Weil der Wurzelraum im Topf begrenzt ist, stocken diese Pflanzen oft im Wachstum. Topfen Sie deshalb die Gehölze alle zwei bis drei Jahre um. Der neue Topf sollte dabei etwas größer sein als der alte. Kürzen Sie sehr lange und im Kreis wachsende Wurzeln ein. Vermeiden Sie es aber, alte und dicke Wurzeln abzuschneiden. Nadelgehölze reagieren empfindlich auf solche Verletzungen. Wird ein Gehölz für den Topf zu groß, muss es ersetzt werden und findet seinen Platz im Garten.

So bleiben Bäume in Form

Bäume entfalten ihre volle Schönheit erst nach Jahren. Sie sind relativ pflegeleicht und müssen nur wenig geschnitten werden. Ein Schnitt ist meist nur in der Jugendzeit notwendig.

Die richtige Größe wählen

Bäume entwickeln ihren Charakter frühestens nach zehn Jahren, wachsen aber auch dann stetig weiter. Machen Sie sich deshalb schon beim Kauf eines Baumes klar, welche Größe er nach 20 bis 30 Jahren erreicht haben wird. Geben Sie jedem Baum den Standort, der seinem Platzbedarf gerecht wird. Steht dem Baum zu wenig Raum zur Verfügung, ist oft schon nach fünf bis zehn Jahren ein Schnitt nötig. Dieser greift jedoch in das Gleichgewicht von Wurzel und Krone ein und verfälscht den typischen Wuchs. Ist Ihr Garten eher klein, entscheiden Sie sich lieber für langsam wachsende Bäume. Dies ist besonders bei Nadelbäumen wichtig, da sie im Alter sehr groß werden können und einen Schnitt nur schlecht vertragen (Seite 64/65).

IDEAL FÜR KLEINE GÄRTEN
Kleinkronige Bäume passen auch in kleinste Gärten. Selbst ohne Schnitt sind sie ein Schmuckstück.

Grundregeln des Baumschnitts

Bäume besitzen einen Stamm, von dem das Gerüst – Mitteltrieb und Seitentriebe – ausgeht. Diese bleiben lebenslänglich am Baum. Achten Sie beim Kauf darauf, dass der Stamm gerade ist und Stamm sowie Wurzelansatz unbeschädigt sind.
Für den Schnitt gelten folgende Kriterien:

- Der Mitteltrieb und vier bis fünf gleichmäßig verteilte Seitenäste bilden später das Gerüst, das die Krone trägt. Kürzen Sie diese Äste nach dem Pflanzen und in den folgenden Jahren nicht ein. Weitere Seitenäste, vor allem starke und steil stehende, entfernen Sie dagegen vollständig.
- Am Mitteltrieb oberhalb der Seitenäste stehen nach dem Schnitt nur noch deutlich kleinere, flach wachsende Triebe. Achten Sie in den kommenden drei bis sieben Jahren darauf, dass die Fortsetzungen der Gerüstäste frei von Konkurrenztrieben sind.
- Entfernen Sie steile und nach innen wachsende Triebe regelmäßig.
- Manche Bäume besitzen gegenständige Knospen, die sich immer paarweise am Trieb gegenüberstehen (Seite 34). Gerade bei Ahorn und Esche stirbt die Spitzenknospe oft ab und zwei darunter liegende treiben gleichberechtigt aus und machen sich Konkurrenz. Man muss dann einen der beiden Triebe entfernen, um eine klare Fortsetzung des Astes zu erzielen.
- Schneiden Sie Laubbäume immer im Sommer. Das ist für den Baum verträglicher und beruhigt das Wachstum.

Probleme früh erkennen

- Manchmal wachsen Seitenäste von Anfang an sehr steil und sind nur zum Teil mit dem Hauptast verwachsen. Solche Äste nennt man Schlitzäste. Bei starker Belastung oder durch ihr Eigengewicht brechen sie leicht ab und sind eine Gefahrenquelle. Erkennbar sind sie an zwei Wülsten auf der Oberseite

Großkronige Bäume bedecken mit ihrer Krone oft mehr als 200 m^2 und sind nur für große Gärten und Parks geeignet.

des Astansatzes. Durch regelmäßige Kontrolle der Baumkrone können Sie Schlitzäste bereits als einjährige Triebe ohne große Wunden entfernen.

- Auch Konkurrenztriebe zum Mitteltrieb sind meist schon im ersten Jahr zu erkennen und müssen umgehend entfernt werden.

Bäume verkleinern

Werden Bäume zu groß, kappen viele Gärtner sie oft mitten im Astwerk. An diesen Stellen entwickelt sich meist Fäulnis, außerdem ist die Wuchsform zerstört. Nach dem Kappen versucht der Baum, den immensen Saftstau auszugleichen. Weil junge Äste und Knospen als »Blitzableiter« nicht mehr vorhanden sind, aktiviert er Knospen aus dem Astinneren. Die neuen Triebe sind sehr lang und instabil. Nur selten verwachsen sie fest mit dem dicken Astteil. In den folgenden Jahren müssen zahlreiche Triebe ausgelichtet werden. Der Baum wächst aber trotzdem so lange stark, bis er seine alte Größe wieder erreicht hat – allerdings ohne seine ästhetische Form wiederzuerlangen. Solche Schnitte sollten Sie grundsätzlich vermeiden.
Soll das Wachstum eines zu großen Baums gebremst werden, lichten Sie kleinere, bis 10 cm dicke Äste an den Haupttrieben aus und verschlanken die Außenbereiche der Gerüstäste. So verringern Sie zwar seine Größe nicht, es gelangt aber mehr Licht ins Innere des Baumes, wo sich neue Triebe bilden und Energie gebunden wird – Energie, die der Baum nicht mehr in das Längenwachstum steckt.

Hilfe vom Fachmann

Ältere Bäume sind wertvolle Elemente eines Gartens. Sind Pflegemaßnahmen an ihnen nötig, lohnt es sich, einen Fachmann hinzuzuziehen. Er führt die Arbeiten korrekt und sicher durch. Adressen von Baumpflegern erhalten Sie bei Ihren Naturschutzbehörden oder den Gartenämtern Ihrer Kommune.

Laubbäume

Pflanzschnitt

Ein junger Laubbaum sollte einen gesunden Stamm mit kräftigen Trieben besitzen, die oberhalb der gewünschten Stammhöhe abzweigen. Eine gerade gewachsene Stammverlängerung bildet den Mitteltrieb, der nahtlos in einen einjährigen Trieb mündet. Zusammen mit vier bis sechs schräg nach oben wachsenden Seitenästen ist er die Grundlage des Gerüsts. Die Seitenäste dürfen nicht eingekürzt werden. Entfernen Sie nach der Pflanzung überzählige Seitenäste oder sehr steile Triebe an der Stammverlängerung. Die Verlängerungen der Gerüstäste sollten klar erkennbar sein. Entfernen Sie Konkurrenztriebe in der äußeren Asthälfte.

Schlitzäste

Bei manchen Bäumen, z. B. Ahorn, Esche oder Blutpflaume, entwickeln sich arttypisch oft steile Äste (Seite 60). Diese sogenannten Schlitzäste wachsen vom ersten Jahr an am Astansatz in einem spitzen Winkel zum Stamm oder Hauptast. Zu erkennen sind sie an zwei kleinen Wülsten, die sich klar gegeneinander abgrenzen. Schlitzäste sind nicht stabil mit dem Hauptast verwachsen. Daher reißen sie oft aus und sind gefährlich. Entfernen Sie solche Äste frühzeitig, der Baum schließt die Lücke nach kurzer Zeit wieder. Setzen Sie hierzu den Schnitt oben am Astansatz an und schneiden schräg nach außen.

Entwicklung ohne Gerüstpflege

Auch wenn ein Baum mit gut erzogener Krone gepflanzt wird, ist eine weitere Pflege sinnvoll. Über mehrere Jahre bilden sich oberhalb der Gerüstäste etliche flache und steile Äste, die sich gegenseitig Schatten spenden und in die Länge schießen. Erst wenn sie genügend Platz haben, stellen sie ihr Längenwachstum ein und bilden Seitenverzweigungen. Letztere wiederum beschatten die darunter wachsenden Gerüstäste. Die Gerüstäste vergreisen, und darüber stehende Äste übernehmen ihre Funktion. Fazit: Die Baumkrone »wandert« in die Höhe. Um dies zu verhindern, lichten Sie solche Kronen aus (siehe rechts).

▶ Klein- und kugelkronige Bäume: Seite 142/143

Achten Sie beim Kauf eines Baums darauf, dass er bereits eine erzogene Krone besitzt. So ersparen Sie sich größere Schnittmaßnahmen in den kommenden Jahren.

Auslichten eines Baumes

Das Auslichten eines Baumes sollte rechtzeitig, also an noch relativ dünnen Ästen erfolgen. So entstehen nur Schnittwunden, die weniger als 10 cm Durchmesser haben. Und je kleiner eine Wunde ist, umso leichter heilt sie. Das Gerüst, also Mitteltrieb und Seitenäste, werden nicht geschnitten. Entfernen Sie lediglich Konkurrenztriebe, und verschlanken Sie die Astspitzen entlang der Seitentriebe und der Mitte. Außerdem entfernen Sie alle steil stehenden Äste im Baum. Zum Schluss schneiden Sie jene Triebe vollständig heraus, die Gerüstäste beschatten. Der Baum besitzt nun eine lockere, lichte Form und wächst gleichmäßig.

Gekappte Bäume retten

Die Nachteile des Kappens wurden schon beschrieben (Seite 61). Sie können einem gekappten Baum durch regelmäßige Schnitte aber wieder eine Form geben, die seinem natürlichen Wuchs mehr entspricht. Dazu lichten Sie die vielen neu entstandenen Triebe bis auf wenige aus und entfernen die längsten, denn mit diesen instabilen Trieben kann man kein neues Gerüst aufbauen. Tauschen Sie die stehen gebliebenen Triebe nach etwa sechs Jahren gegen jüngere aus. Kontrollieren Sie regelmäßig, ob die Schnittstellen faulen. Seine alte Schönheit wird der Baum aber selbst durch diese Schnitte kaum wiedererlangen.

Erziehung zum Kopfbaum

Kopfbäume werden – anders als gekappte Bäume – von Anfang an auf ihre spezielle Form hin erzogen. Ihr gleichmäßig um den Kronenansatz verteiltes Gerüst besteht, anders als bei einem Hochstamm, aus eingekürzten Seitenästen. Bereits ein Jahr nach dem Pflanzen werden alle neu gewachsenen Triebe am Gerüst auf Astring entfernt. An den Astenden bilden sich über die Jahre richtige Köpfe, an denen im Sommer Besen aus Jahrestrieben stehen. Sie werden im Frühjahr zurückgeschnitten. Bei dieser Erziehungsform ist ein jährlicher Schnitt unerlässlich, spätestens nach zwei Jahren muss man schneiden. Geeignet sind Platane und Linde.

▶ **EXPERTENTIPP** Säulenformen ausschließlich auslichten.

▶ Wunden pflegen: Seite 34,
Kopfweiden erziehen: Seite 54

Nadelbäume

KURZINFORMATION
WANN IST DER FACHMANN NÖTIG?

Es ist gefährlich, in hohen Bäumen zu schneiden! Ist ein Schnitt dennoch unumgänglich, kann ein Hubgerät mehr Sicherheit bieten als die Verwendung einer Leiter. Hubgeräte können Sie stunden- oder tageweise bei Spezialfirmen mieten. Holen Sie am besten auch einen Fachmann zu Hilfe.

Steiläste, die einen Astdurchmesser von über 10 cm besitzen, sollten nicht ohne Rücksprache mit einem Fachmann entfernt werden.

Holen Sie am besten professionellen Rat ein, wenn das Holz von Pilzen befallen ist. Nur ein Fachmann kann klären, ob das befallene Holz eine Gefahr für die Umgebung darstellt, weil der Ast abbrechen könnte. Als Eigentümer sind Sie für die Standsicherheit des Baumes verantwortlich.

Eibe
Taxus baccata
Die Eibe ist das einzige Nadelgehölz, das wie ein Laubbaum verjüngt werden darf. Dennoch sollte man auf Schnitte in sehr starke Gerüstäste oder gar den Stamm verzichten. Nur buschige Eiben mit mehreren Stämmen verkraften es, wenn das eine oder andere schwache Stämmchen entfernt wird. Die verbleibenden Stämme werden dadurch stabiler, und der Übergang vom mehrstämmigen Busch zum Baum wird gefördert. Zu dicht stehende Seitenäste lichten Sie aus. Am Stamm verfahren Sie ebenso – vorausgesetzt, es entstehen keine großen Wunden. Schnitttermin ist das späte Frühjahr vor dem Austrieb.

► Wie man Eibenhecken verjüngt: Seite 93

Fichten: Niemals kappen
Picea abies
Charakteristisch für viele Nadelgehölze wie Tannen und Fichten (Abb.) ist der schlank in die Höhe wachsende Mitteltrieb, aber auch Thuja und Scheinzypressen haben diese typische Gestalt – obwohl sie meist mehrstämmig wachsen. Schießen sie über die ihnen zugedachte Höhe hinaus, werden sie oft gekappt. Dadurch verlieren die Bäume ihre natürliche Form und versuchen, den fehlenden Mitteltrieb durch mehrere Seitentriebe zu ersetzen. Es entwickelt sich ein Nestwuchs aus vielen Ästen. Oft trocknet die Schnittstelle sogar noch ein Stück zurück und bleibt mehrere Jahre sichtbar.

Etliche Nadelgehölze entwickeln sich im Lauf der Jahre zu großen Bäumen. Anders als Laubbäume wollen sie in Ruhe wachsen. Kein Schnitt ist hier der beste Schnitt.

Fichten richtig verkürzen

Die Verkürzung einer Fichte oder Tanne ist immer ein Kompromiss. Ist sie jedoch unumgänglich, weil der Baum zu groß ist, sollte so behutsam wie möglich geschnitten werden. Schneiden Sie den Baum immer nur so weit zurück, wie es unbedingt nötig ist. Befestigen Sie anschließend einen Stab an der Schnittstelle und binden daran einen Seitentrieb als neue Spitze fest. Über die gesamte Baumlänge kürzen Sie zum Schluss die längsten Seitentriebe auf weiter innen im Gehölz stehende Triebe ein.
Durch diesen Schnitt wird die natürliche Wuchsform von der Basis bis zur Spitze annähernd wiederhergestellt.

Scheinzypresse und Thuja *Chamaecyparis* (Abb.) und *Thuja*

Die meisten Sorten dieser Arten bilden dichte, mehrstämmige Gehölze. Sie benötigen mehrere Jahre, bis sie einen baumartigen Charakter entwickeln. Die einzelnen Stämme sind nur an ihrer Außenseite dicht mit Trieben besetzt und benadelt. Werden die Triebe sehr lang, werden sie zu schwer und kippen oft zur Seite. Die Gehölze verlieren an Wirkung. Bei älteren Gehölzen kann man aber keine ganzen Triebe in Bodennähe entfernen, weil sie entstehende Lücken kaum schließen können. Denn anders als Eibe oder Laubgehölze können sich Thuja und Scheinzypressen aus altem Holz nicht erneuern.

Scheinzypresse und Thuja auslichten

Wird eine Scheinzypresse (Abb.) zu groß, kann man sie auslichten. Schneiden Sie die Spitze schlank, indem Sie die längsten Triebe im oberen Viertel entfernen und nur kürzere stehen lassen. An den Außenseiten lenken Sie die längsten Triebe auf Seitentriebe um. In zwei bis drei Jahren, wenn die zurückgeschnittenen Triebe wieder Neuzuwachs entwickelt haben, schneiden Sie die beim ersten Eingriff belassenen Triebe, wie oben beschrieben, zurück. Beginnen Sie diesen sich alle paar Jahre wiederholenden Eingriff, bevor die Pflanze ihre gewünschte Endgröße überschreitet. So entstehen keine Kahlstellen nach einem Schnitt.

Einmal blühende Kletterrosen blühen üppig, wenn man die Triebe im Frühjahr nur biegt und nach der Blüte schneidet.

ROSEN

Ein regelmäßiger Schnitt ist für Rosen ganz besonders wichtig: Nur so bleiben sie über Jahre gesund und blühen üppig.

Je nachdem, zu welcher Gruppe sie gehören, werden Rosen unterschiedlich geschnitten:

- Handelt es sich um eine Wildform oder eine Edelsorte?
- Ist der Wuchs der Rose eher strauchig oder kletternd?
- Ist es eine einmal oder eine öfter blühende Rose?
- Handelt es sich um eine stark oder schwach wachsende Rosensorte?
- Ist die Rose jung oder schon älter?

Grundregeln für den Rosenschnitt

Die Wüchsigkeit einer Rose sagt etwas über die Art und Weise aus, wie sie zu schneiden ist:

- Bei Rosen schneidet man die Triebe immer auf eine bestimmte Anzahl von Knospen, die hier auch Augen genannt werden, zurück. So legen Sie mit dem Schnitt die Zahl der Blütentriebe fest.
- Geschnitten wird direkt über einem Auge: So entstehen keine Stummel ohne Augen, die eintrocknen (Seite 34).
- Schwach wachsende Rosen brauchen einen kräftigeren Rückschnitt als stark wachsende.
- Aufrecht wachsende Sorten schneidet man stärker als sanft überhängende.
- Einmal blühende Rosen entwickeln ihre Blüten vor allem an einjährigen Langtrieben. Diese können Sie direkt nach dem Abblühen abschneiden. Sie müssen dann aber auf die Hagebutten als Herbstschmuck verzichten.
- Öfter blühende Rosen blühen an einjährigen und diesjährigen Trieben. Sie brauchen einen kräftigen Schnitt im Frühjahr, damit sie wenige, aber starke Triebe bilden. Die erste Blüte fällt dann zwar geringer aus, aber sie haben genug Kraft für eine Zweitblüte im Spätsommer. Diese wird auch gefördert, indem man regelmäßig Verblühtes entfernt.
- Entfernen Sie abgestorbene, kranke und vergreiste Triebe. Krankes Laub darf weder unter dem Strauch bleiben noch kompostiert werden.
- Zeit zum Schneiden ist das Frühjahr kurz vor dem Austrieb; das ist in milden Regionen Mitte, sonst Ende März. Schneidet man im Herbst oder Winter, treiben die Knospen bei mildem Wetter an und sind dann frostempfindlich.

Pflegeschnitte für das ganze Jahr

KURZINFORMATION
PFLEGE ÜBERS GANZE JAHR

Wildtriebe an der Wurzel entfernen. Dazu gräbt man die Erde etwas auf. Wildtriebe an Rosenstämmen direkt am Stamm entfernen.

IM FRÜHJAHR

Zeit für den Rückschnitt (Seite 70). Vergreiste, kranke und abgestorbene Triebe bis ins gesunde Holz entfernen.

IM SOMMER

Bei öfter blühenden Rosen verblühte Blüten oder Blütendolden ausschneiden. Eine Düngergabe lässt die Rosen rasch wieder austreiben. Kranke Blätter und kümmernde Triebe entfernen.

IM HERBST

Jeden Schnitt vermeiden. Nur Triebe zurückschneiden, die im Weg sind.

IM WINTER

Anhäufeln oder ein Winterschutz aus Tannenreisig schützt die Rosen vor Frostschäden. Vor allem die Veredlungsstelle bei Hochstämmchen muss vor Frost geschützt werden.

Wildtriebe entfernen

Bei veredelten Rosen können aus der Unterlage Wildtriebe wachsen (Seite 15). Sie erkennen diese Triebe an den Blättern, die sich von denen normaler Triebe unterscheiden. Legen Sie den Wildtrieb frei, bis Sie sehen, wo er der Wurzel entspringt, und reißen Sie noch grüne Wildtriebe im Sommer am Ansatz aus. Schneiden Sie sie nicht am Boden ab, dies würde ihr Wachstum erst richtig anregen. Schon verholzte Wildtriebe werden im Frühjahr direkt an der Wurzel abgeschnitten. Entwickelt sich an Hochstämmchen ein Wildtrieb am Stamm, reißt man unverholzte Triebe ebenfalls ab, verholzte werden abgeschnitten.

Verblühtes ausschneiden

Bei öfter blühenden Rosen entfernen Sie regelmäßig alles Abgeblühte. Sie bilden sonst Hagebutten und verlieren dadurch an Kraft für die Nachblüte. Hat die Rose Blütenbüschel, so warten Sie mit dem Schneiden, bis der gesamte Blütenstand abgeblüht ist. Schneiden Sie jeweils bis zum ersten voll entwickelten Blatt zurück. Durch diesen Schnitt treibt die Rose erneut aus und bildet eine zweite Blüte. Bei einmal blühenden Rosen lassen Sie verblühte Triebe stehen, wenn es Sorten sind, die dekorative Hagebutten tragen.

Manche Schnittmaßnahmen sollten Sie regelmäßig bei allen Rosen durchführen. Sie fördern nämlich die Gesundheit der Rosen und die Nachblüte.

Kranke Triebe entfernen

Entdecken Sie im Sommer kranke Triebe oder Blätter mit Pilzbefall, entfernen Sie diese sofort. Die Rose ist dann wahrscheinlich von Sternrußtau oder Rosenrost befallen. Tun Sie dies nicht, wird sich die Krankheit immer weiter ausbreiten. Kompostieren Sie krankes Laub nicht, sondern werfen Sie es in die Mülltonne oder verbrennen es. Besonders schwachwüchsige Triebe sind in der Regel pilzanfälliger als kräftig wachsende. Deshalb ist ein regelmäßiger Schnitt im Frühjahr wichtig: Er regt das Wachstum an, die Rosen werden unempfindlicher. Entfernen Sie durch Regen braun gewordene Blütenknospen; sie entfalten sich nicht mehr.

Totholz entfernen

In unseren Klimabereichen ist der einzelne Trieb nur einige Jahre lebensfähig, dann stirbt er ab. Und auch in jedem Winter sterben Triebe teilweise oder ganz ab. Rosen am Haus oder an günstigen Standorten stehen geschützt, ihre Triebe bleiben deshalb länger vital. Entdecken Sie beim Schnitt im Frühjahr, dass ein Trieb ganz eingetrocknet ist, entfernen Sie ihn bis ins gesunde Holz. Teilweise sehen Sie erst im April, wenn die Rose austreibt, dass bisher gesund aussehende Triebe im Wachstum zurückbleiben – schneiden Sie dann auch diese Triebe ab.

Bis ins gesunde Mark schneiden

Im Inneren junger Rosentriebe ist ein weicher Kern zu sehen, das Mark. An einjährigen Trieben ist es sehr ausgeprägt und gut zu erkennen, bei älteren kann man es dagegen kaum noch wahrnehmen, weil das Mark von dem dicker werdenden Holzkörper zusammengedrückt wird. In einem gesunden Trieb ist das Mark hell gefärbt, das Holz ist weißlich grün. Bräunliches Mark im Trieb ist ein sicheres Anzeichen für Frostschäden – auch wenn Sie an der Farbe des Holzes noch nichts Auffälliges entdecken. Schneiden Sie Triebe mit bräunlichem Mark bis in einen Bereich mit hellem Mark zurück.

► **EXPERTENTIPP** Rosen nur bis Juli düngen: Dann reifen die Triebe aus und sind frosthärter.

Stamm-, Edel-, Beet- und Zwergrosen

KURZINFORMATION

STAMMROSEN

Als Stammrosen bezeichnet man Rosen, die auf ein Wildrosen-Hochstämmchen veredelt sind. Wurden Kletterrosen auf ein Stämmchen veredelt, nennt man sie Trauer- oder Kaskadenstämmchen.

EDELROSEN

Edelrosen haben steife, aufrechte, bis zu 1 m hohe Triebe und meist eine große Blüte pro Stiel. Sie brauchen viel Pflege und Aufmerksamkeit.

BEETROSEN

Beetrosen wurden früher auch Polyantha-Rosen genannt. Sie sind öfter blühend, haben einen kompakten Wuchs und werden bis zu 80 cm hoch.

ZWERGROSEN

Zwergrosen können auf Flächen eingesetzt werden, gedeihen aber auch in Töpfen und Kübeln. Sie werden maximal 50 cm, meist aber nur 30–40 cm hoch.

Grundregeln für den Schnitt

Vor dem Schnitt im Frühjahr häufeln Sie Ihre Rosen ab. Warten Sie damit aber, bis nicht mehr mit Frostperioden zu rechnen ist.

- Entfernen Sie dann Wildtriebe sowie kranke oder abgestorbene Triebe bis ins gesunde Holz.
- Aus den Schnittempfehlungen bei den einzelnen Gruppen ersehen Sie, wie viele Knospen nach dem Schnitt an einem Trieb stehen bleiben.
- Einen Trieb in der Mitte lässt man etwas höher als die Seitentriebe, sodass er genug Licht bekommt und die Rose eine hübsche Form entwickelt.
- Schwache Triebe und Pflanzen werden immer weiter zurückgeschnitten als starke – der stärkere Schnitt regt sie zu kräftigem Austrieb an (Seite 21). Je weniger Knospen an einem Trieb verbleiben, umso stärker ist der Austrieb.
- Bei Stammrosen entfernt man Wildtriebe, die aus dem Stamm und aus der Erde wachsen.
- Edelrosen treiben nur dann lange Blütentriebe aus, wenn sie stark geschnitten werden.
- Beetrosen verzweigen sich besser und blühen üppiger, wenn ihnen mehr Knospen für den Austrieb zur Verfügung stehen. Sie müssen also weniger stark geschnitten werden.
- Zwergrosen brauchen einen starken Schnitt, um sicher wieder zu blühen.

Edel- und Zwergrosen brauchen einen starken Schnitt, um üppig zu blühen, Beetrosen einen schwächeren. Bei Stammrosen richtet sich der Schnitt nach der Rose, die auf den Stamm veredelt wurde.

Stammrosen
Bei Hochstämmchen hängt der Schnitt davon ab, ob eine Edel-, Beet- oder Zwergrose auf den Stamm veredelt wurde. Vermeiden Sie in jedem Fall Schnittwunden am Kronenansatz, sie trocknen zu weit in die Veredlungsstelle hinein. Kürzen Sie schwache und ältere Triebe auf zwei Knospen ein. Dann kürzen Sie die einjährigen Triebe: bei Edelrosen auf drei bis fünf, bei Beet- und Zwergrosen auf fünf bis sieben Knospen. Etwa sieben solcher Triebe reichen aus, damit eine dichte Krone entsteht. Bei Trauerstämmchen, also Veredlungen mit Kletterrosen, lässt man fünf bis sieben ca. 50 cm lange einjährige Triebe stehen.

Edel- und Beetrosen
Bei Edelrosen (Abb.) entfernt man ältere Triebe nahe am Boden, um einen Neuaustrieb aus der Erde anzuregen. Lassen Sie aber einen Zapfen stehen, denn Schnittstellen am Boden trocknen oft bis in die Veredlungsstelle ein, und es erscheint kein Neutrieb mehr. Kräftige ein- und zweijährige Triebe (sie sind grünlich) schneiden Sie auf vier bis sechs, schwächere auf drei bis fünf Knospen zurück. Bei Beetrosen schneidet man kräftige Triebe um die Hälfte, schwache um zwei Drittel zurück. Verzweigungen kürzt man auf zwei Knospen ein. Stark wachsende Sorten kürzt man weniger ein als schwach wachsende.

Zwergrosen
Ein regelmäßiger und kräftiger Schnitt fördert den ansonsten schwachen Wuchs dieser Rosensorten. Doch der Schnitt des feinen Astgewirrs ist mühsam. Am besten schneidet man Zwergrosen deshalb gleichmäßig auf 10 cm zurück, kräftige Pflanzen auf 15 cm. Schneiden Sie so, dass die mittleren Triebe etwas höher bleiben als die seitlichen. So bekommt die Pflanze eine harmonische, halbkugelige Form. Bei Bedarf können Sie anschließend vergreiste, kranke und sehr schwache Triebe im Innenbereich entfernen. Auch hier gilt: Schneiden Sie nicht bodeneben zurück, sondern lassen Sie kleine Zapfen stehen.

► **EXPERTENTIPP** Lassen Sie beim Schnitt Zapfen stehen: Sie tragen Knospen, die austreiben.

Strauchrosen

KURZINFORMATION

WILDROSEN VERJÜNGEN

Wildrosen sind Arten, die in der Natur vorkommen und nicht gezüchtet wurden. Ihre Blüten sind meist ungefüllt.

EINMAL BLÜHENDE STRAUCHROSEN

Diese Rosen bestechen durch ihre strauchartige Wuchsform sowie ihre einfachen oder gefüllten Blüten. Einige besitzen sehr schöne Hagebutten oder buntes Herbstlaub. Zu dieser Gruppe gehören auch viele Alte Rosen.

ÖFTER BLÜHENDE STRAUCHROSEN

Sie sind nicht so wüchsig wie einmal blühende, passen auch in kleine Gärten und blühen mehrmals im Sommer.

ENGLISCHE UND NOSTALGIEROSEN

Beide entstanden aus der Kreuzung Alter mit modernen Rosen. Sie sind meist öfter blühend und duften.

FLÄCHENROSEN (BODENDECKER-ROSEN)

Sie wachsen entweder wie kleine Sträucher oder haben lange Triebe, die über den Boden oder Mauern wuchern. Blütenform und -farbe sind vielfältig.

Grundregeln für den Schnitt

- Moderne Strauchrosen bauen ein mehrjähriges Gerüst auf, bevor die Triebe nach spätestens fünf Jahren ausgetauscht werden müssen. Ein intensiver Schnitt fördert eine reiche Nachblüte im Sommer.
- Einige Alte Rosen und fast alle Nostalgierosen und Englischen Rosen sind ebenfalls öfter blühend. Sie werden wie moderne Strauchrosen geschnitten, allerdings etwas weniger stark, weil sie längere Triebe und eine meist überhängende Form entwickeln. Zu lange oder steil stehende Triebe bindet man flach, damit sie üppig blühen (Seite 75).
- Einmal blühende Rosen, dazu gehören auch Wildrosen, blühen vor allem an einjährigen Trieben – und gleichen im Schnitt der Forsythie (Seite 48). Sie werden meist nach der Blüte geschnitten; eine Ausnahme sind die wenigen Sorten, die im Hochsommer an den diesjährigen Trieben blühen.
- Flächenrosen – der Begriff Bodendeckerrose zeichnet ein falsches Bild, denn diese Rosen wachsen durchaus auch in die Höhe – bilden sehr lange Triebe. Schneiden Sie diese Triebe im Frühjahr auf 30 cm zurück, und schneiden Sie kranke und schwache Triebe auf kleine Zapfen in Bodennähe aus.

Wildrosen und einmal blühende Strauchrosen werden regelmäßig ausgelichtet. Öfter blühende Strauchrosen brauchen einen starken Rückschnitt, damit sie üppig nachblühen.

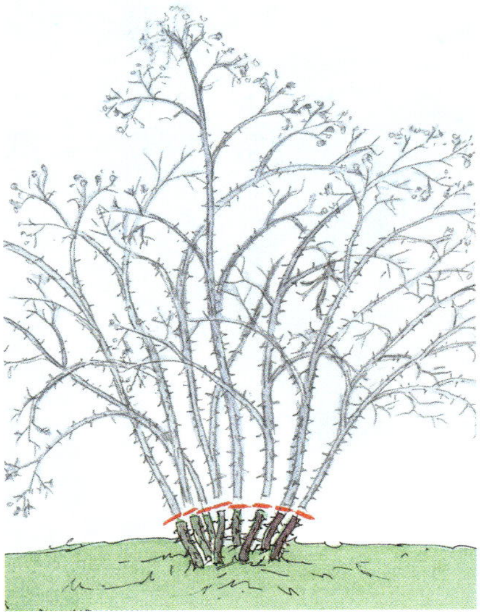

Wildrosen
Wildrosen müssen regelmäßig im Frühjahr ausgelichtet werden. Ihre Blüten erscheinen an einjährigen, 5–50 cm langen Trieben. Sehr lange Bodentriebe blühen jedoch meist erst im zweiten Jahr an den Seitenzweigen. Der einzelne Trieb bleibt fünf bis sechs Jahre vital, dann entfernen Sie ihn zugunsten eines aus der Erde wachsenden Jungtriebs, der nicht eingekürzt werden darf. An den Spitzen verzweigte Triebe verschlanken Sie, Besen lenken Sie auf einen Jungtrieb um. Stark überalterte Sträucher schneiden Sie bis auf den Boden zurück (Abb.) und ziehen in den nächsten Jahren bis zu zehn neue, unterschiedlich alte Triebe nach.

Einmal blühende Strauchrosen
Diese Rosen blühen wie Wildrosen vor allem an einjährigen Trieben. Ohne Schnitt verkahlen viele Sorten an der Basis und entwickeln dann ein Gewirr von Trieben, die zum Teil sogar absterben. Entfernen Sie im Frühjahr abgestorbene und kranke Triebe. Um eine ansprechende Form zu erhalten und vitales Blütenholz zu garantieren, lichten Sie jährlich nach der Blüte alle Triebe, die älter als vier bis fünf Jahre sind, bodennah aus. Die restlichen Triebe verschlanken Sie. Kürzen Sie dabei einjährige Triebverlängerungen und Bodentriebe nicht ein. Sehr lange Triebe biegen Sie flach, damit sie auf der ganzen Länge austreiben (Seite 75).

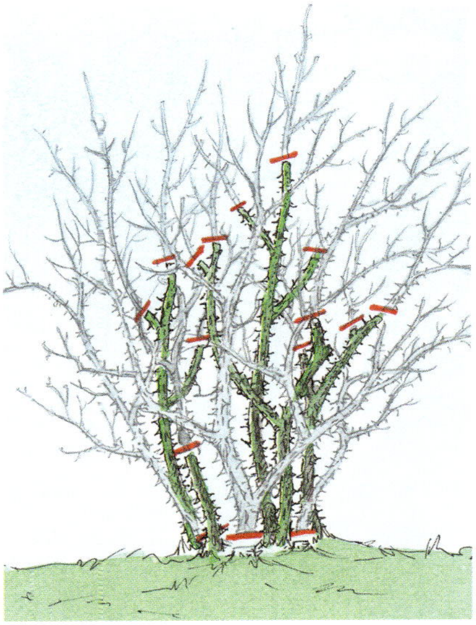

Öfter blühende Strauchrosen
Bei diesen Rosen kürzen Sie im Frühjahr das einjährige Holz ein, denn die Blüten erscheinen sowohl an den einjährigen als auch an den diesjährigen Trieben. Entfernen Sie vergreiste Triebe bodennah, und lassen Sie fünf bis acht kräftige Gerüsttriebe stehen. Schneiden Sie sie etwa auf die Hälfte zurück, schwache Triebe auf ein Drittel. Seitliche Gerüsttriebe schneiden Sie kürzer als die Mitte, damit der Strauch keine kahle Basis entwickelt. Verschlanken Sie die neuen Triebspitzen. Die Seitenverzweigungen der Gerüsttriebe kürzen Sie auf Zapfen ein – im oberen Gerüstbereich auf kurze, im unteren Bereich auf bis zu 10 cm lange Zapfen.

Kletterrosen

KURZINFORMATION

RAMBLER UND CLIMBER

Kletterrosen teilt man nach der Blüte in zwei Gruppen ein:

EINMAL BLÜHENDE KLETTERROSEN

Die meisten einmal blühenden Kletterrosen gehören zu den »Ramblerrosen«. Sie wachsen sehr stark und besitzen bis zu 7 m lange, biegsame Triebe. Ihre kleinen Blüten stehen in dichten Büscheln. Seit Kurzem gibt es auch öfter blühende Ramblerrosen. Sie sind niedriger und eignen sich auch für kleine Gärten.

ÖFTER BLÜHENDE KLETTERROSEN

Viele öfter blühende Kletterrosen zählen zu den »Climbern«. Sie haben stark wachsende, steife Triebe, die 2–3,5 m hoch werden. Ihre Blüten sind meist größer als die der Ramblerrosen.

Grundregeln für den Schnitt

- Einmal blühende Kletterrosen blühen vor allem an einjährigen Langtrieben. Diese Sorten werden nach der Blüte geschnitten.
- Öfter blühende Kletterrosen blühen ebenfalls an einjährigen Trieben – aber nur die Erstblüte. Die zweite Blüte im Spätsommer erscheint an diesjährigen Trieben. Schneidet man im Frühjahr, so verringert man zwar bewusst die Fülle der ersten Blüte, es entwickelt sich aber eine üppige zweite Blüte. Einjährige, bodenständige Langtriebe schneiden Sie nicht zurück; so beruhigt sich ihr Wachstum, und sie blühen reicher. Lösen Sie vor dem Schneiden die alten Befestigungen, und legen Sie die Triebe vor dem Gerüst ab, dann können Sie leichter schneiden. Weil aufrecht stehende Triebe von Kletterrosen nur an der Spitze austreiben und an ihrer Basis kahl bleiben, biegt man die Triebe schräg oder flach und bindet sie an Gerüste oder Bögen. Dadurch treiben sie auf der ganzen Länge aus. Stark wachsende Rosen, die in Bäumen oder an Pergolen ranken, benötigen nur alle vier bis fünf Jahre einen Verjüngungsschnitt. Ein jährlicher Schnitt wäre zu mühsam, außerdem bleiben sie auch ohne Schnitt mehrere Jahre lang blühwillig.

Einmal blühende Kletterrosen schneidet man nach der Blüte, öfter blühende vor der Blüte. Flach gebundene Triebe bilden auf der ganzen Länge Blüten.

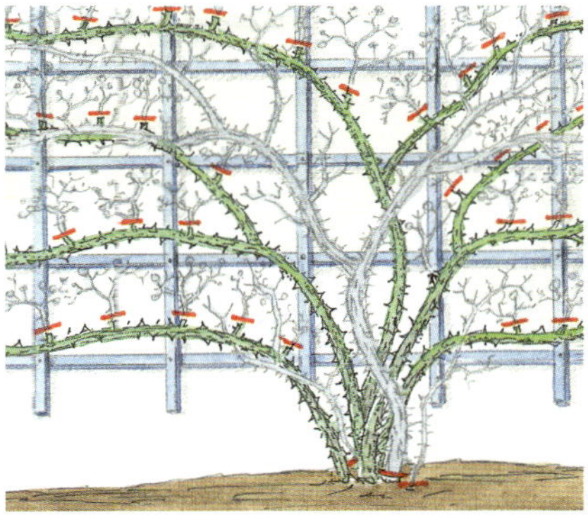

Einmal blühende Kletterrosen
Entfernen Sie im Frühjahr lediglich krankes und totes Holz. Der Schnitt erfolgt nach der Blüte, denn diese Rosen blühen an den einjährigen Trieben. Dann schneiden Sie zuerst alte Triebe bodeneben ab, um den Neuaustrieb aus der Erde anzuregen. Triebe, die nur an der Spitze vergreist sind, lenken Sie auf weiter innen wachsende, junge Seitentriebe um. Entfernen Sie jedes Jahr mindestens ein Fünftel der Bodentriebe. So haben Sie verschieden alte Triebe, die über die Jahre die Blütenpracht garantieren. Stark wachsende Einmalblüher verjüngen Sie alle fünf Jahre. Schonen Sie dabei Jungtriebe, und entfernen Sie alte Triebe und Besen.

Einmal blühende Kletterrosen anbinden
Verteilen Sie nach dem Schnitt die Triebe am Wandgerüst in einem Abstand von mindestens 30 cm. Jungtriebe befestigen Sie im unteren Bereich, ältere weiter oben. So wird der Wachstumsvorteil jüngerer Triebe ausgeglichen, weil der Saftstrom nun die oberen, älteren Triebe fördert. Binden Sie nicht mit nacktem Draht, er schneidet ins Holz ein und führt zu Verletzungen. Neutriebe binden Sie gleich im Sommer in die gewünschte Form. Leiten Sie an einen Pfahl oder Obelisken gepflanzte Rosen spiralförmig nach oben. Weil sie nun flach liegen, treiben sie auch unten zuverlässig aus.

Öfter blühende Kletterrosen
Schneiden Sie vergreiste oder kranke Triebe bodennah auf Zapfen zurück. Binden Sie dann die einjährigen Triebe im unteren Bereich an das Klettergerüst, und kürzen Sie sie nur ein, wenn die Triebe das Gerüst weit überragen. So bilden sie auf der ganzen Trieblänge Blüten, die sonst nur an der Triebspitze entstehen würden. An mehrjährigen Ästen haben die Seitentriebe letztes Jahr bereits Blüten getragen. Schneiden Sie diese Seitentriebe auf zwei Knospen zurück (oben). So bleiben die Haupttäste bis zu sieben Jahre vital. Lässt die Blütenbildung nach, wird der Ast auf einen weiter innen stehenden Jungtrieb umgelenkt oder entfernt.

Blauregen blüht am reichsten, wenn Langtriebe im Sommer regelmäßig stark eingekürzt werden.

KLETTERPFLANZEN

Kletterpflanzen bringen auch auf kleinstem Raum Blüten in Hülle und Fülle. Außerdem sind sie ideal, um Wände und Mauern zu schmücken.

Etliche Kletterer sind ausdauernde Pflanzen und zählen zu den Gehölzen. Sie wachsen jedoch nicht von allein in die Höhe, sondern brauchen eine Stütze – in der Natur sind das meist Sträucher oder Bäume. Im Hausgarten müssen Sie eine Alternative wie eine Wand oder ein Gerüst bieten. Diese geben die gewünschte Höhe vor. So halten sich Kletterpflanzen auch nach Jahren an den ihnen zugedachten Platz.

Vielseitige Kletterer

- Kletterpflanzen eignen sich hervorragend zum Begrünen, als Raumteiler und als Sichtschutz. Ihr Vorteil gegenüber Hecken: Sie benötigen in der Tiefe weniger Platz. Die Form der Kletterer geben Sie mit Rankgerüsten vor, die Begrünung übernehmen dann die Pflanzen.
- Gezielt eingesetzte Rankgerüste dienen als Raumteiler im Garten, sie verdecken oder betonen eine Hauswand.
- Auch Pergolen werden durch Kletterpflanzen zum dekorativen Element.

Doch egal, welche Konstruktion und Kletterpflanze Sie wählen – meist ist irgendwann ein Schnitt nötig.

Standort und Schnitt

Informieren Sie sich schon beim Kauf Ihrer Kletterpflanzen über die verschiedenen Standortansprüche. Wählen Sie für den vorgesehenen Platz geeignete Arten aus.

Auch den Aufwand für die Pflege sollten Sie bedenken:

- Blauregen muss beispielsweise regelmäßig geschnitten werden.
- Haben Sie die erforderlichen Geräte, wenn Efeu, der ein mehrstöckiges Haus begrünt, an der Regenrinne eingekürzt werden muss oder von ihm zugewucherte Fenster in oberen Etagen freigeschnitten werden müssen?
- Liegt zwischen Rankgerüst und Weg ein Staudenbeet, müssen Sie bedenken, ob es einen Zeitraum gibt, in dem Sie die Kletterpflanzen schneiden können, ohne die Stauden zu beeinträchtigen.

Doch im Allgemeinen sind Kletterpflanzen pflegeleicht, solange Sie sie regelmäßig schneiden. Wenn Sie Ihren Blauregen jedes Frühjahr und im Sommer schneiden, geht die Arbeit rasch. Der Schnitt eines verwilderten Blauregens dagegen ist aufwendig und ausgesprochen mühevoll.

Hafter, Schlinger und Ranker

Etliche Kletterpflanzen wachsen zunächst nur in die Höhe, bis die Wand oder das Klettergerüst völlig bedeckt sind. Erst dann beginnen sie zu blühen. Mit einem Schnitt kann man Kletterpflanzen den gleichen Impuls geben: Sie hören früher auf, in die Höhe zu wachsen, und blühen stattdessen.
Um klettern zu können, nutzen Kletterpflanzen unterschiedliche Kletterhilfen: Das sind zum Beispiel andere Pflanzen, Wände oder Gerüste. Die verschiedenen Klettermethoden stellen besondere Anforderungen an das Gerüst.
Beachten Sie, dass manche Kletterpflanzen mit den Jahren ein recht großes Gewicht erreichen. Die Klettergerüste für Blauregen, Trompetenwinde oder Bergwaldrebe etwa müssen aus diesem Grund sehr stabil sein. Bei Pflanzen wie einer kleineren Clematis oder einem Geißblatt dagegen reichen auch leichtere Gerüste aus.

Selbsthafter

Diese Kletterer entwickeln Haftwürzelchen, mit denen sie sich am Untergrund verankern. Sie brauchen kein Gerüst. Zu dieser Gruppe zählen Pflanzen wie Efeu (*Hedera*), Kletterhortensie (*Hydrangea petiolaris*) und Trompetenwinde (*Campsis* – allerdings nur zum Teil selbsthaftend). Ihre Haftwurzeln haben aber nichts mit den Erdwurzeln gemein. Die Arten des Wilden Weins (*Parthenocissus*) dagegen halten sich mit Haftscheiben am Ende kleiner Seitensprosse an der Unterlage fest. Beide, sowohl Haftwurzeln als auch Haftscheiben, leben einige Wochen und verholzen, wenn sie absterben.

PFLEGELEICHTE KLETTERER
Das undurchdringliche Astgewirr der Bergwaldrebe muss nur alle paar Jahre geschnitten werden.

Schlinger

Schlinger winden ihre Triebe um eine Unterlage und halten sich so fest. Das Rankgerüst sollte nicht allzu dick sein, sonst kann die Pflanze sie nicht umwachsen. Einige Arten entwickeln richtiggehende Stämme und tragen damit einen Teil ihres Gewichts selbst; bei den meisten muss aber die Stütze das Gewicht auffangen. Schlingende Haupttriebe löst man nach dem Schnitt von ihrer Halterung und bindet sie anschließend wieder daran fest. Das hat den Vorteil, dass stark wachsende Pflanzen bei Bedarf von der Kletterhilfe beziehungsweise der Wand entfernt werden können, ohne dass Triebe beschädigt werden. Zu den Schlingpflanzen zählen Kiwi (*Actinidia*), Schlangenwein (*Akebia*), Pfeifenwinde (*Aristolochia*), Schlingknöterich (*Fallopia*), Geißblatt (*Lonicera*) und Blauregen (*Wisteria*).

Ranker

Sie entwickeln an den Enden ihrer Blätter oder Triebe kleine Ranken, mit denen sie sich am Gerüst festhalten. Clematis bilden an den Blättern Blattranken; Weinreben und Purpurwein dagegen tragen sogenannte Sprossranken an kleinen, unbeblätterten Trieben. Ranker benötigen eine möglichst dünne Rankhilfe. An dickeren Stangen oder gar an Regenrohren rutschen z. B. Clematisranken regelmäßig ab. Nur junge, weiche

Ranken können das Gerüst umwickeln, ältere verholzen. Haben sie sich einmal gelöst, verankern sie sich nicht mehr neu.

Klimmer

Spreizklimmer wachsen ohne spezielle Halteorgane nach oben. Die Seitentriebe spreizen sich wie Gräten auseinander und wachsen weiter. So verhakt sich die Pflanze quasi mit dem Untergrund, in einigen Fällen unterstützen Dornen oder Stacheln die Verankerung. Das bekannteste Beispiel sind die Kletter- und Ramblerrosen (Seite 74/75). Dieser Wuchstyp trifft aber auch auf Winterjasmin (Seite 46) zu, obwohl er meist als Strauch gepflanzt wird. Brombeerarten (Seite 127) gehören ebenfalls in diese Kategorie, bei ihnen sterben die Triebe nach dem zweiten Jahr meist wieder ab.

Das richtige Gerüst

Bei der Entscheidung, welches Gerüst geeignet ist, können Ihnen folgende Fragen helfen:

- Welche Gerüstart und -form und welches Material passen am besten zur jeweiligen Umgebung?
- Steht die Konstruktion gestalterisch im Vordergrund, oder sollen später Pflanzen die Hauptrolle übernehmen?
- Ist das Gerüst stabil genug, um das Gewicht der Kletterpflanzen zu tragen?
- Erlaubt das Gerüst die notwendige regelmäßige Pflege? Ist es stabil genug, um eine Leiter anzulehnen? Erreichen Sie auch die obersten Bereiche mit Ihrer Ausrüstung?
- Welche regelmäßigen Wartungsarbeiten wie z. B. Streichen sind notwendig, damit das Gerüst möglichst lange erhalten bleibt?

Die Hauswand

Kletterpflanzen schaden intakten Wänden nicht, vorausgesetzt, die Wand ist von innen her trocken und der Putz weist keine Risse auf. Wenn Sie eine Wand jedoch regelmäßig streichen wollen, dürfen Sie sie nicht mit selbsthaftenden Kletterpflanzen wie Efeu und Wildem Wein bepflanzen. Denn wenn Sie zum Streichen die Triebe entfernen würden, blieben die trockenen Haftorgane am Putz haften. Eine Reinigung der Wand mit einer harten Bürste wäre sehr zeitaufwendig und auch sehr mühsam.

► EXPERTENTIPP Eine Wand wird auch dann betont, wenn sie nur teilweise begrünt ist.

Dieses Geißblatt an einem Gartenhaus benötigt nur ein paar Drähte zum Festhalten.

Der Schnitt

Jede Art von Kletterpflanzen besitzt ihre besonderen Ansprüche an den Schnitt. Efeu, Wilder Wein oder Kletterhortensien bleiben lange vital und würden sogar ohne Schnitt auskommen. Da sie in der Regel aber an Hauswänden wachsen, ist ein Freischneiden von Fenster- und Türrahmen unumgänglich. Bei blühenden Klettergehölzen erhält der regelmäßige Schnitt die Vitalität und Blühwilligkeit. Natürlich dient der Schnitt auch dazu, zu große oder unordentlich wachsende Pflanzen zu verkleinern. Ohne Schnitt würde beispielsweise Blauregen ein beinahe undurchdringliches Gestrüpp bilden, Clematis dagegen nur noch spärlich blühen und an der Basis verkahlen.
Bei den meisten Klettergehölzen erfolgt der Schnitt im Frühjahr, bei einigen empfiehlt sich ein zusätzlicher Sommerschnitt.

► Schnitt für die Kletterpflanze Kiwi: Seite 129 (Obstgehölze)

Clematis

Grundregeln für den Schnitt

- Clematistriebe bilden immer ein dichtes Gewirr – deshalb schneidet man alle Triebe im Wesentlichen auf eine Höhe zurück.
- Es gelingt auch selten, einen verholzten Trieb in eine gewünschte Richtung zu lenken, weil die Triebe leicht brechen. Soll Clematis gelenkt werden, dann ist das nur im Sommer bei unverholzten Trieben möglich.
- Geschnitten wird eine Clematis immer im Frühjahr vor dem Austrieb. Eine Ausnahme ist die Bergwaldrebe und ähnlich wachsende Sorten, denn sie blühen nur an einjährigen Trieben. Bei einem Schnitt vor dem Austrieb würden sie alle Blütenknospen verlieren. Wenn Sie diese Clematis überhaupt schneiden wollen, dann nach der Blüte.
- Achten Sie bei Clematis auf Triebe, die im Sommer verdorren. Sie sind von einem Pilz, dem Erreger der Clematiswelke, befallen. Er wird durch Hitze oder Trockenheit gefördert. Verwelkte Triebe entfernen Sie am Boden.
- Sorgen Sie dafür, dass Triebe an der Basis durch andere Pflanzen schattiert werden, um vor Hitze geschützt zu sein.
- Sommerblühende Clematissorten klettern gern an anderen Pflanzen empor. Man schneidet sie im Frühjahr sehr stark zurück und entfernt die alten Triebe. Danach ist die Pflege des stützenden Strauches möglich.

Pflanzschnitt

Neu gekaufte Clematis können jahrelang am selben Ort wachsen, vorausgesetzt, Sie beachten einige Dinge beim Pflanzen. Setzen Sie die Pflanze bis über das erste Knospenpaar in die Erde. Sie bilden dann unter der Erde geschützte Reserveknospen, falls der Trieb über der Erde erfriert oder abknickt. Über der Erde lassen Sie ebenfalls ein Knospenpaar pro Trieb, den Rest entfernen Sie. Nur so verzweigt sich die Clematis von der Basis ab und verkahlt später nicht. Da die Pflanzen oft beim Kauf schon Blüten tragen, unterbleibt dieser wichtige Schnitt meist. Er sollte aber spätestens im folgenden Jahr nachgeholt werden.

Clematis teilt man in drei Gruppen ein: die Bergwaldreben-Gruppe, Frühsommerblüher sowie Sommerblüher. Alle außer den Clematis der Bergwaldreben-Gruppe schneidet man im Frühjahr.

Bergwaldrebe
***Clematis montana*-Sorten**

Diese Clematis blühen ab Mai an den einjährigen Trieben. Sie wachsen jahrelang auch ohne Schnitt mit ungebrochener Blühfreude. Ein Schnitt wird erst nötig, wenn sie vergreisen oder die Pflanze zu groß wird. Dann schneiden Sie das Gehölz unmittelbar nach der Blüte bis auf die Hälfte zurück. Ein radikalerer Verjüngungsschnitt bis 1 m über dem Boden ist ebenso möglich. Nur sterben dann die alten Triebe meist bis zur Erde ab, die Pflanze entwickelt aber neue Bodentriebe. Genauso schneiden Sie *Clematis alpina*, *C. macropetala* und wüchsige, sehr früh blühende Hybriden wie 'Nelly Moser'.

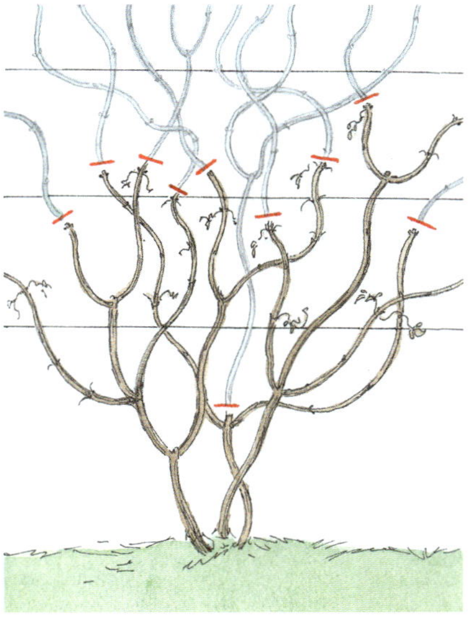

Frühsommerblüher

Sie blühen ab Juni an den Kurztrieben einjähriger Triebe. Eine schwächere Nachblüte erfolgt im Hochsommer am diesjährigen Zuwachs. Ein Schnitt nach der Blüte ist möglich, aber nicht sinnvoll, da sich mit den ersten Blüten schon neue Triebe bilden. Besser entfernen Sie im Frühjahr abgestorbene Triebe und schneiden starke Pflanzen um ein Viertel, schwache um ein Drittel zurück. Stufen Sie die Triebe in der Höhe etwas ab, damit sich die Blüten locker verteilen. In diese Gruppe fallen *Clematis tangutica* und großblumige Hybriden wie 'Dr. Ruppel', 'Königskind', 'Lasurstern', 'Madame Le Coultre', 'Multi Blue' und 'Vyvyan Penell'.

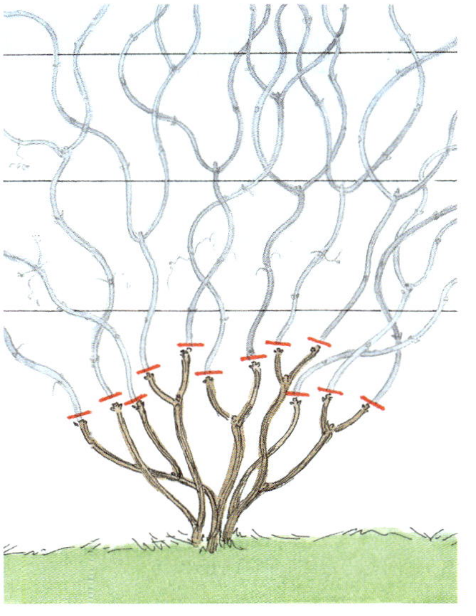

Sommerblüher

Diese Arten und Sorten blühen ausschließlich an diesjährigen Trieben. Ein starker Schnitt erhält die Pflanzen wuchs- und blühfreudig. Jeweils im Frühjahr schneiden Sie die ganze Pflanze auf 10–30 cm zurück und ziehen die abgeschnittenen Triebe vom Rankgerüst ab. Diese Clematisgruppe treibt daraufhin kräftig aus und blüht an den wachsenden Trieben. Zu dieser Gruppe zählen Sorten der *Clematis viticella*- und *C. jackmanii*-Gruppe. Bekannte Sorten sind 'Ernest Markham', 'Etoile Violette', 'Hagley Hybrid', 'Huldine', 'Madame Julia Correvon', 'Niobe', 'Perle d'Azur', 'Rouge Cardinal' und 'Ville de Lyon'.

Trompetenwinde und Blauregen

KURZINFORMATION

PROBLEME BEI TROMPETENWINDE

Wird die Pflanze klein gehalten, entwickelt sich die Wurzel kräftiger als der oberirdische Teil, und es bilden sich Wurzelausläufer. Man reißt sie im Sommer aus. Nicht abschneiden, sonst wachsen sie noch kräftiger!

Bildet die Pflanze Seitentriebe mit Blüten, können die Haftwurzeln das Gewicht nicht halten, der Ast kippt von der Wand. Binden Sie Trompetenwinden deshalb immer an einem Gerüst an.

PROBLEME BEI BLAUREGEN

Wächst Blauregen zu stark, blüht er nicht mehr richtig. Auch Sämlinge blühen lange nicht. Kaufen Sie deshalb nur veredelte Gehölze, die schon Blüten tragen.

Wurden Pflanzen Jahre nicht gepflegt, ist der Schnitt schwierig. Wählen Sie einige am Gerüst formierbare Haupttriebe. Deren Seitentriebe lenken Sie auf einen nahe am Gerüst wachsenden jüngeren Trieb um. Dickere Triebe muss man manchmal entfernen.

Winterschnitt erhält die Form, Sommerschnitt beruhigt das Wachstum und regt die Blütenbildung an.

Trompetenwinde
***Campsis*-Arten und -Sorten**
Die Trompetenwinde blüht an diesjährigen Trieben, die einjährigen Knospen entspringen. Die im Hochsommer erscheinenden, nach außen überhängenden Blütentriebe besitzen ein beachtliches Gewicht. Die Pflanze erreicht eine gewaltige Höhe und entwickelt starke Haupttriebe. Jungtriebe halten sich teils durch Schlingen fest, teils bilden sie Haftwurzeln. Beide sind aber nicht ausreichend, um die Pflanze zu tragen. Geben Sie ihr also ein stabiles, gut verankertes Gerüst, und befestigen Sie die Haupttäste daran. Ziehen Sie ein bis zwei Hauptäste, dadurch bleibt die Pflanze übersichtlich.

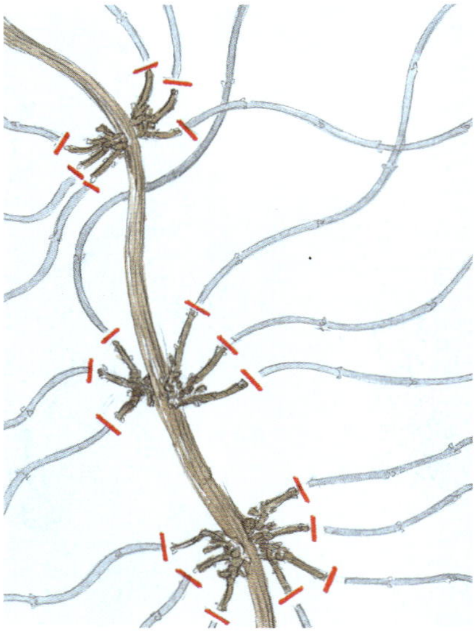

Trompetenwinde: Erziehungsschnitt
Erziehen Sie Trompetenwinden im Frühjahr, indem Sie an den Hauptästen bei Bedarf jährlich 1 m des Neuzuwachses stehen lassen. Alle einjährigen Seitentriebe kürzen Sie auf Zapfen mit zwei Knospen ein. Diese Knospen treiben im Frühjahr aus und bilden an den Triebenden Blütenbüschel. Nur ein strenger Schnitt erhält Form und Blütenfülle, und nur stark wachsende Triebe bilden zuverlässig Blüten. Sind an einem älteren Hauptast durch häufiges Einkürzen der Seitentriebe sehr verzweigte Köpfe entstanden, lenkt man die ältesten Teile auf Jungtriebe um. Völlig vergreiste Köpfe schneidet man auf Zapfen zurück.

Diese sonnenliebenden Kletterpflanzen wachsen stark und benötigen deshalb von Beginn an einen regelmäßigen Schnitt. So bleiben sie in Form und wuchern nicht über den vorgesehenen Platz hinaus.

Blauregen: Erziehungsschnitt
***Wisteria*-Arten und -Sorten**
Blauregen wächst stark; ohne Erziehung schlingen sich die Triebe wirr ineinander. Die Blüten stehen an der Basis einjähriger Triebe. Ziehen Sie nur wenige Haupttäste, die sich entlang der Haltedrähte verzweigen. Hat der Hauptast den Draht umschlungen, lösen Sie ihn ab und binden ihn an. So wächst der Draht nicht ein, die Pflanze lässt sich von der Wand entfernen. Jedes Jahr schneiden Sie die Verlängerung der Hauptäste auf 1 m zurück; durch den Saftstau entwickeln sich auf voller Länge Seitenzweige. Die Hauptäste bleiben lebenslang erhalten, die Seitentriebe kürzen Sie jährlich ein.

Blauregen: Sommerschnitt
Vor dem Schnitt sollten Hauptast und Verzweigungen klar definiert sein. Die diesjährigen Verlängerungen dieser Verzweigungen kürzen Sie Ende Juli auf 2 m ein. Zur selben Zeit schneiden Sie die vielen ineinanderschlingenden Seitentriebe auf 30 cm zurück. Die später daraus erscheinenden Neutriebe werden ausgebrochen, solange sie unverholzt sind. Durch diesen Schnitt wird das Wachstum der Pflanze beruhigt und die Blütenbildung angeregt (siehe auch Seite 79). Der Sommerschnitt des Blauregens ist aber auch eine wirksame Technik, ältere Pflanzen in Form und Wuchs einigermaßen überschaubar zu halten.

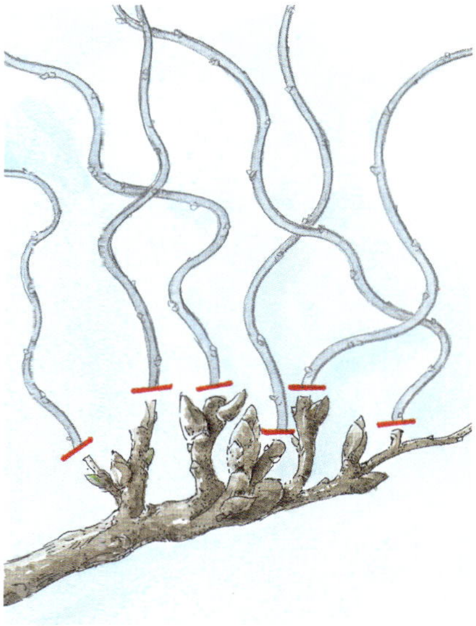

Blauregen: Frühjahrsschnitt
Der Schnitt im Frühjahr baut auf den letztjährigen Sommerschnitt auf. Schneiden Sie die Verlängerungen der Hauptäste nochmals auf 1 m zurück. Soll ein Trieb nicht verlängert werden, dann behandeln Sie ihn wie einen Blütentrieb. Diese Blüten- oder Seitentriebe haben Sie im vergangenen Sommer bereits auf 30 cm zurückgeschnitten. Nun werden sie noch einmal auf maximal 10 cm eingekürzt. Im Lauf der Jahre entwickeln sich Köpfe, an deren Kurztrieben sich die meisten Blütenknospen bilden. Lässt die Blühwilligkeit bei sehr alten Köpfen schließlich nach, schneiden Sie die ältesten Verzweigungen heraus.

▶ **EXPERTENTIPP** Erziehung von Anfang an ist bei Blauregen und Trompetenwinde unerlässlich.

▶ Auswirkungen des Sommerschnitts: Seite 24/25

Weitere stark wüchsige Kletterpflanzen

KURZINFORMATION

SELBSTHAFTENDE KLETTERER AM HAUS

Um dem Gewicht dieser Kletterer standzuhalten, muss der Putz der tragenden Wand intakt und stabil sein. Efeu und Wilder Wein wachsen sonst in diese Risse ein. Die eingewachsenen Triebe nehmen an Umfang zu und reißen den Putz auf.

Ein Blech unter der Regenrinne, das wie ein Schneckenzaun mindestens 15 cm nach außen und schräg nach unten absteht, kann von Efeu und Wildem Wein nur schwer überwunden werden. Das erspart Ihnen viel Arbeit mit dem Schnitt in diesem Bereich. Das Blech muss aber mit mindestens 30 cm Abstand zum Dach dicht an der Wand anliegen, damit die Pflanzen nicht darüberwachsen können.

Schneiden Sie überwachsene Flächen bereits im Frühsommer frei, dann bleiben weniger Haftwurzeln am Putz zurück. Schneiden Sie später, sind die Haftwurzeln bereits verholzt und sind schwer zu entfernen.

Efeu
***Hedera*-Arten und -Sorten**

Efeu ist ein wahrer Kletterkünstler, er heftet sich an fast allen Materialien problemlos fest. Einschränkungen für seine Haftwürzelchen bieten nur sehr glatte Flächen aus Glas, gegen Algenbildung imprägnierte Hauswände und Metallflächen, die sich im Sommer stark erhitzen. Achten Sie darauf, dass der Efeu nicht in die Verkleidungen an der Regenrinne wächst, da er hier Schäden verursachen kann. Diese stark wachsende Kletterpflanze bedeckt aber nicht nur große Wandflächen. Die Wirkung kann sogar reizvoller sein, wenn nur ein Teil eines Gebäudes eingewachsen ist. Kürzen Sie im Frühjahr lange Jungtriebe ein, und schneiden Sie Fensterrahmen sowie Regenrinnen frei. Bei stark wachsenden Pflanzen wiederholen Sie diesen Schnitt im Juli. Junge Haftwurzeln, die am Putz verbleiben, entfernt man mit einer Drahtbürste. An älteren Pflanzen entwickeln sich Blütentriebe, die horizontal von der Wand abstehen. Lenken Sie überlange Blütentriebe auf Seitentriebe um. So wird die Form erhalten und das Gewicht dennoch verringert. Führen Sie diesen Schnitt schon im zeitigen Frühjahr durch, bevor Vögel im Efeu nisten. Wuchert Efeu zu stark, ist ein beruhigender Sommerschnitt empfehlenswert.

Diese Kletterpflanzen wuchern üppig und eignen sich deshalb hervorragend für die Begrünung von Hausmauern. Ein Schnitt ist nur notwendig, wenn die Triebe zu lang werden und stören.

Wilder Wein
***Parthenocissus*-Arten und -Sorten**

Wilder Wein ist in seiner Jugendphase ein sehr stark wachsender Kletterer. Nur von der Sonne stark erhitzte Metallflächen können seine Jungtriebe bremsen. Um ihn in seinem zugedachten Rahmen zu halten, erzielen Sie den besten Erfolg, wenn Sie im Sommer schneiden. Lassen Sie von der Wand hängende Triebe unbeschnitten. Sie dienen als »Blitzableiter« für den Saftstrom, setzen bald Blüten an und beruhigen das Wachstum. Erst wenn diese Triebe sehr lang werden, kürzen Sie sie im Sommer ein. Wilder Wein benötigt meist keine Düngung, sie würde das Wachstum nur unnötig anregen.

Purpurwein, Zierreben
***Vitis coignetiae* und andere Arten**

Das Schnittprinzip für den Purpurwein entspricht dem der Weinrebe (Seite 128). Da der Fruchtertrag beim Purpurwein aber nicht von Bedeutung ist, sollte der Schnitt zugunsten eines natürlicheren Charakters der Pflanze sanfter ausfallen. Genauso wie bei der Weinrebe erziehen Sie am Drahtgerüst einen Haupttast, der sich im Lauf der Jahre auch verzweigen darf. Damit auf der ganzen Länge Seitenzweige entstehen, lassen Sie jedes Jahr höchstens 1 m des Neuzuwachses stehen. Die entstehenden Seitentriebe schneiden Sie dann im folgenden Frühjahr auf 10 cm zurück.

Pfeifenwinde
Aristolochia macrophylla

Die Pfeifenwinde wirkt weniger durch ihre kleinen Blüten attraktiv als durch ihre großen Blätter. Sie schlingt sich an einem Draht entlang. Nur wenn die Pflanze zu groß wird, schneidet man sie jedes Frühjahr kräftig zurück. Im folgenden Sommer entwickelt die Pfeifenwinde lange Triebe, die sich, wenn sie zu lang sind und stören, ohne Probleme einkürzen lassen. Sie eignet sich damit sehr gut zur Begrünung von Bögen. Überalterte Pflanzen schneiden Sie kurz vor dem Austrieb bis knapp über die Erde zurück. Sie treiben aus dem Boden wieder aus, die alten Stümpfe trocknen allerdings meist ein.

Mäßig wüchsige und seltenere Kletterpflanzen

SCHNITT WEITERER KLETTERPFLANZEN:

Baumwürger *Celastrus orbiculatus*	Schlinger; Rückschnitt nur bei Übergröße, nicht in Bäume wachsen lassen
Hopfen *Humulus lupulus*	Schlinger; wächst als Staude, oberirdische Triebe sterben jährlich ab und werden im Frühjahr entfernt, Wurzelausläufer im Sommer ausreißen
Kriechspindel *Euonymus fortunei*-Sorten	entwickelt Haftwurzeln, die aber nicht zuverlässig haften; zurückschneiden, um die Größe zu reduzieren
Schein- oder Doldenrebe *Ampelopsis*-Arten	Rankenkletterer; Rückschnitt nur bei Frostschäden oder Übergröße
Spalthortensie *Schizophragma hydrangeoides*	entwickelt Haftwurzeln; Rückschnitt wie Kletterhortensie, frostempfindlich, nur für geschützte Standorte zu empfehlen
Spaltkölbchen *Schisandra chinensis*	Schlinger; kein jährlicher Rückschnitt nötig, Früchte essbar (weibliche und männliche Pflanzen!), braucht geschützten Standort
Winterjasmin *Jasminum nudiflorum*	Spreizklimmer; Rückschnitt nach der Blüte (Seite 46), Triebe aufbinden, damit die Pflanze höher klettert

Geißblatt
***Lonicera*-Arten und -Sorten**

Geißblatt blüht überwiegend an einjährigen Trieben, teilweise auch an diesjährigen. Da sich die Triebe ineinanderschlingen, ist ein exakter Schnitt sehr aufwendig. Beim jährlichen Pflegeschnitt schneidet man daher nur die abstehenden, verblühten Triebe vom letzten Jahr ab. Zusätzlich kann man dichte Knäuel auslichten. Die dicken Haupttriebe bleiben meist unangetastet. Zu lange Triebe kürzt man im Sommer ein. Nur wenn die Pflanze unten verkahlt, schneiden Sie sie kurz vor dem Austrieb auf 50 cm zurück. Selbst wenn dann einige alte Triebe eintrocknen, so treiben doch Jungtriebe nach.

Geißblatt:
schwach wachsende Sorten

Bei schwach wachsenden Sorten ist gut zu erkennen, dass aus den einjährigen Trieben kurze Seitentriebe wachsen. An ihren Enden bilden sich die Blüten. Da die Äste dieser schwach wachsenden Sorten im Gegensatz zu den stark wachsenden übersichtlicher sind, ist hier ein präziserer Schnitt möglich: Dabei kürzt man diese Kurztriebe im Frühjahr auf kleine Zapfen mit zwei Knospen ein. Sie treiben dann neu aus und bilden im Frühsommer Blüten.

Geißblatt, Schlingknöterich, Kletterhortensie und Schlangenwein sind eher im Halbschatten zu Hause. Trotzdem wachsen sie immer zum Licht. Der Schnitt hält sie in den ihnen zugedachten Grenzen.

Schlingknöterich
Fallopia aubertii (Polygonum aubertii)
Schlingknöterich wächst relativ stark und ist deshalb nur für große Flächen zu empfehlen. Er bildet seine Blüten an den diesjährigen Trieben und kann deshalb stark zurückgeschnitten werden. Einzelne Triebe gesondert zu schneiden oder auszulichten ist kaum möglich, denn die ganze Pflanze ist in sich verschlungen. Deshalb werden alle Triebe im Frühjahr kurzerhand auf 40–80 cm Höhe gekürzt. Wenn die Pflanze verkahlt, dürfen Sie Schlingknöterich auch radikal bis zur Erde verjüngen.

Kletterhortensie
Hydrangea petiolaris
Die Blütenknopsen der Kletterhortensie sitzen an der Spitze einjähriger Triebe. Sie sind im Frühjahr bereits deutlich größer als die Triebknospen. Beim Schnitt im Frühjahr legen Sie die Wuchsrichtung fest und begrenzen die Größe, indem Sie an der Wand haftende Triebe in die gewünschte Richtung auf Seitentriebe umlenken. Sehr lange, weit von der Wand abstehende Blütentriebe lenkt man auf wandnahe Triebe um. So hält man die Pflanze kompakt und vermindert ihr Gewicht. Zum Schluss schneidet man vertrocknete Blüten vom letzten Jahr bis zur ersten grünen Knospe zurück.

Schlangenwein
Akebia quinata
Der an geschützten Stellen teilweise wintergrüne Schlangenwein ist eine Schlingpflanze und benötigt eine Kletterhilfe. Er ist als Jungpflanze frostempfindlich. Seine Blüten erscheinen sehr früh an den einjährigen Trieben. Ein regelmäßiger Schnitt ist nicht nötig. Nur wenn die Pflanze verkahlt oder zu groß wird, schneiden Sie sie nach der Blüte zurück. Dabei entfernen Sie nur die Blüten oder schneiden die Pflanze bei Bedarf auf 30 cm über dem Boden zurück. An der Spitze des Rankgerüstes kann die Pflanze nicht mehr in die Höhe wachsen; bilden sich dichte Köpfe, werden sie nach der Blüte vollständig entfernt.

Hecken dienen als Sichtschutz und Hintergrund für Rabatten; Formschnittgehölze setzen interessante Akzente.

HECKEN UND FORMEN

Ob sie frei wachsen oder formal, aus verschiedenen Gehölzen aufgebaut sind oder aus nur einer Art: Erst der richtige Schnitt vollendet die Form einer Hecke.

Hecken können im Garten unterschiedliche Funktionen erfüllen. Sie dienen als Sichtschutz und Gartengrenze, gliedern den Garten in Räume, betonen oder verbinden Gebäude, sind Hintergrund für Staudenbeete, stellen als architektonische Elemente einen schönen Kontrast zu frei wachsenden Gehölzen dar, begrenzen Wege und bieten schließlich Unterschlupf und Nahrung für Tiere.

Bevor Sie sich für eine bestimmte Pflanzenart für Ihre Hecke entscheiden, sollten Sie klären, wie viel Raum zur Verfügung steht, wie hoch die Hecke werden soll und wie oft geschnitten werden muss – und ob Sie wirklich die dafür nötige Zeit haben.

Auf ein langes Leben

Die Pflanzung einer Hecke ist eine größere Investition. Wählen Sie solche Pflanzen aus, bei denen Sie diese Investition auch lange genießen können. Hecken aus Thuja z. B. sind zwar im Pflanzeneinkauf günstig, sind aber gegenüber Trockenheit empfindlich und lassen sich nur schlecht verjüngen. Thujahecken sind kurzlebiger als etwa Eibenhecken, die sich problemlos verjüngen lassen – aber in der Anschaffung zunächst teurer sind.

Frei wachsende Hecken sollten Sie möglichst aus größeren und kleineren Sträuchern zusammenstellen. Eine solche Komposition ist langfristig ansprechend und leicht zu pflegen.

Disziplin erwünscht

- Formale Hecken benötigen einen sorgfältigen Erziehungsschnitt. In den ersten Jahren nach der Pflanzung schneiden Sie die Form in kleinerem Maßstab vor und lassen sie von Jahr zu Jahr größer werden. Das Geheimnis einer dichten Hecke liegt in ihren vielen Verzweigungen im Inneren. Fördern Sie diese Verzweigungen durch mehrere Schnitte in den ersten zwei bis drei Jahren. Um die Endform zu erhalten, reicht später dann meist ein Schnitt pro Jahr aus.
- Ähnlich wie formale Hecken werden Formschnittgehölze wie Buchs oder Liguster geschnitten. So entstehen in wenigen Jahren aus Ziergehölzen dekorative Gartenelemente.

Hecken aus frei wachsenden Sträuchern

GEHÖLZE FÜR FREI WACHSENDE HECKEN:

Deutscher Name	Botanischer Name	Höhe in m
Apfelbeere	*Aronia melanocarpa*	3
Berberitzen	*Berberis*-Arten	3
Blasenspiere	*Physocarpus opulifolius*	4
Blutpflaume	*Prunus cerasifera*	8
Buchs	*Buxus*	4
Deutzie	*Deutzia*-Arten	3
Eibe	*Taxus baccata*	12
Falscher Jasmin	*Philadelphus*-Arten	5
Felsenbirne	*Amelanchier*-Arten	6
Flieder	*Syringa*-Arten	6
Fünffingerstrauch	*Potentilla fruticosa*	1,5
Geißblatt	*Lonicera*-Arten	4
Gewürzstrauch	*Calycanthus floridus*	3
Hartriegel, gelbholzig	*Cornus stolonifera* 'Flaviramea'	3
Haselstrauch	*Corylus avellana*	7
Holunder	*Sambucus*-Arten	7
Japanische Zierquitte	*Chaenomeles*-Arten	3
Kolkwitzie	*Kolkwitzia amabilis*	4
Kornelkirsche	*Cornus mas*	7
Liguster	*Ligustrum*-Arten	3
Mehlbeeren	*Sorbus*-Arten	10
Mispel	*Mespilus germanica*	6
Ölweide	*Elaeagnus*-Arten	6
Pfaffenhütchen	*Euonymus*-Arten	7
Sanddorn	*Hippophae rhamnoides*	6
Schneeball	*Viburnum*-Arten	7
Sommerflieder	*Buddleja*-Arten	4
Spiräen	*Spiraea*-Arten	3
Weiden	*Salix*-Arten	9
Weigelie	*Weigela*-Arten	3
Weißdorn	*Crataegus*-Arten	8
Wildrosen	*Rosa*-Arten	4
Zierapfel	*Malus*-Arten	7
Zierjohannisbeeren	*Ribes*-Arten	3

Allgemeine Pflegetipps

Eine frei wachsende Hecke besteht aus unterschiedlich hohen, frei wachsenden Ziersträuchern, die entsprechend ihrer natürlichen Wuchsform wachsen. Sie wird nicht geschnitten, damit sie eine bestimmte Form bekommt, sondern nur, damit sie reich blüht und nicht zu groß wird. Solche Hecken kann man nicht nur einreihig pflanzen, sondern, damit sie besonders dicht werden, auch in zwei Reihen versetzt. Dabei pflanzt man die kleiner bleibenden Gehölze so, dass sie nach innen zum Garten hin stehen, die größeren stehen an der Gartengrenze.

Frei wachsende Hecken werden wie die einzelnen Blütengehölze regelmäßig geschnitten, der Schnitt darf aber weniger intensiv sein. Gerade bei stark wachsenden Arten wie der Haselnuss ist das Auslichten älterer Triebe am Boden vorrangig, da sie gerne kleinere Sträucher überdecken. Feinarbeiten wie das Verschlanken von Spitzen können hier entfallen. Die Schnittmaßnahmen lassen sich leichter durchführen, wenn Sie regelmäßig schneiden, solange die Hecke noch jung ist. Schneidet man zu selten, kann es nötig sein, einzelne Gehölze vollständig zu verjüngen, also fast bis auf den Boden zurückzuschneiden (siehe auch Seite 43, Verjüngung). Besser ist es jedoch, solche Schnittmaßnahmen zu vermeiden.

Ob Sie eine frei wachsende Hecke als Blütenhecke, Refugium für Tiere oder Sichtschutz pflanzen, der Schnitt ähnelt in jedem Fall dem der entsprechenden Ziersträucher.

Auslichten von Besen
Stark wachsende Sträucher entwickeln Bodentriebe, die jahrelang vital bleiben können (Seite 50/51). Sie bilden aber nach einigen Jahren im oberen Bereich auch starke Verzweigungen. Die Gehölzbasis wird dadurch schattiert und beginnt zu verkahlen. Lichten Sie solche Besen alle drei bis vier Jahre aus, und lenken Sie sie dabei auf weiter innen stehende einzelne Jungtriebe um. So bleiben die oberen Bereiche locker, es gelangt wieder genügend Licht ins Strauchinnere, und der Strauch treibt auch im Inneren wieder aus. Der Schnitt kann bei als Hecken wachsenden Sträuchern aber weniger intensiv erfolgen als bei Einzelgehölzen.

Auslichten am Boden
Das Auslichten ist der wichtigste Schnitt bei Gehölzhecken. Je nachdem, wie langlebig die Pflanzen sind, erfolgt er alle zwei bis vier Jahre. Dabei entnehmen Sie die stärksten und ältesten Triebe am Boden. Bei den verbleibenden Trieben lichten Sie die Besen an den Spitzen aus. Bei Arten, die viele Bodentriebe bilden, lassen Sie nur so viele Jungtriebe stehen, wie zum Ersatz älterer Triebe notwendig sind. Alle anderen Bodentriebe werden entfernt. Diese Arbeit geht leichter, wenn Sie bereits im Sommer die neu erscheinenden, noch unverholzten Jungtriebe ausreißen. So wachsen im nächsten Jahr weniger Triebe nach.

Auf den Stock setzen
Dies ist die radikalste Methode der Verjüngung von Sträuchern. Sie wird nur angewendet, wenn die oben genannten Maßnahmen über längere Zeit nicht durchgeführt wurden. Bei überalterten, sehr dichten Gehölzen ist ein geregeltes Auslichten unter Umständen kaum durchzuführen. »Auf den Stock setzen« ist dann die beste Methode. Dabei schneiden Sie fast alle Triebe bodeneben zurück und lassen nur etwa zehn Jungtriebe stehen, die das neue Gerüst bilden. Während der nächsten beiden Jahre entfernen Sie alle Neutriebe. Nach drei Jahren stellen Sie dann den Schnitt wieder auf ein geregeltes Auslichten um.

▶ Die entsprechenden Schnittmethoden für Sträucher finden Sie ab Seite 44.

Formale Hecken

GEHÖLZE FÜR FORMALE HECKEN

Name	Merkmale/Schnitt
Hecken bis 50 cm Höhe	
Buchs *Buxus sempervirens* 'Suffruticosa'	von Anfang März bis Ende Juli, zum Schnitt heiße Tage meiden
Blutberberitze *Berberis thunbergii* 'Atropurpurea Nana'	rotlaubig, für Einfassungen und Knotengärten
Immergrüne Heckenkirsche *Lonicera pileata*, *L. nitida*-Sorten	lange Triebe mehrmals im Sommer schneiden
Zwergliguster *Ligustrum vulgare* 'Lodense'	langsam wachsend
Hecken bis 1 m Höhe	
Alpenjohannisbeere *Ribes alpinum*	verzweigt sich gut, für Halbschatten geeignet
Berberitze *Berberis*-Arten	Langtriebe im Sommer schneiden
Buchs *B. s.* var. *arborescens*	mehrmaliger Schnitt fördert die Verzweigung
Liguster *Ligustrum*-Arten	stufiger Aufbau, Sommerschnitt
Hecken bis 2 m Höhe	
Ölweide *Elaeagnus multiflora*	Bienenweide
Weißdorn *Crataegus laevigata*	jüngere Hecken zweimal schneiden
Hecken bis 4 m und mehr	
Buche *Fagus sylvatica*	jüngere Pflanzen zweimal pro Jahr schneiden
Eiben *Taxus baccata*, *T. media*-Sorten	im Aufbau mehrmals pro Jahr schneiden, Verjüngung in Etappen möglich
Feldahorn *Acer campestre*	bis 3 m Höhe sehr dicht
Hainbuche *Carpinus betulus*	in den ersten beiden Jahren mehrmals einkürzen
Lebensbaum *Thuja occidentalis*, *T. plicata*-Sorten	im Aufbau mehrmals schneiden, Verjüngung nur schwer möglich

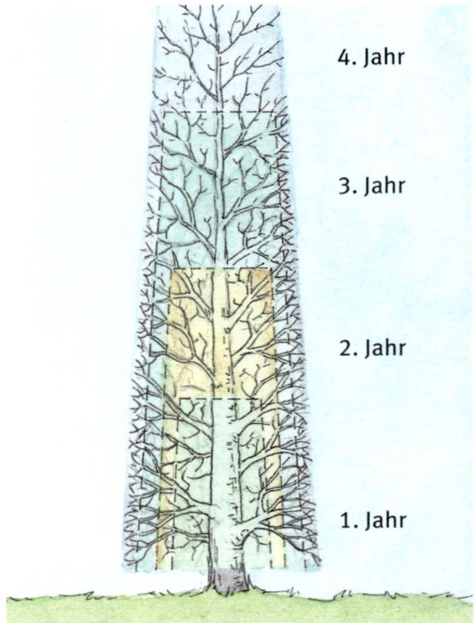

Pflanzschnitt

Neu gepflanzte Laubgehölzhecken wie Hainbuchen besitzen lediglich eine stärkere Mitte und dünne Seitentriebe. Solche Pflanzen schneiden Sie im Frühjahr bis auf die Hälfte zurück. Dieser starke Rückschnitt erzeugt einen jahrelangen Saftstau an der Schnittstelle. Dadurch wird das Wachstum auf die unterhalb liegenden Triebe verlagert. Der Pflanzschnitt bei Nadelgehölzen ist zurückhaltender. Seiten und Oberkante werden nur leicht in Form geschnitten.

In Stufen aufbauen

Eine Hecke sollte in Stufen bis zur Endgröße aufgebaut werden. Der Saftstrom wird an jeder Schnittstelle abgebremst und der Wuchs in die Höhe dadurch eingeschränkt. Eine 1,5 m hohe Hecke bleibt ausreichend dicht, indem Sie drei bis vier solcher »Staustufen« einbauen, bei höheren Hecken entsprechend mehr. Führen Sie diesen stufigen Aufbau auch an den Seiten durch. Und denken Sie daran: Je höher die Hecke ist, umso breiter muss ihre Basis sein. Schneiden Sie die ersten zwei Jahre dreimal im Sommer. Die Hecken werden so sehr schnell dicht. Nadelgehölze bauen Sie jedes Jahr um 10 cm auf, Laubgehölze etwa um 20 cm.

Für formal geschnittene Hecken brauchen Sie etwas Geduld: Sie werden Schritt für Schritt aufgebaut, bis sie ihre endgültige Form und Höhe erreichen. Nur so bleiben sie jahrelang dicht und attraktiv.

Die richtige Form

In einer formalen Hecke wachsen die oberen Bereiche besser, weil sie mehr Licht bekommen. Lassen Sie eine Hecke zu schnell bis zur Endhöhe wachsen, bleiben die unteren Bereiche locker und verkahlen nach einigen Jahren (unten). Dasselbe Problem entsteht bei Hecken in Kastenform. Je höher und schmaler eine Hecke ist (links), umso größer ist die Gefahr, dass sie an der Basis nicht genug Licht bekommt und kahl wird. Ähnliches passiert bei einer Hecke, die oben breiter ist als an der Basis (in der Abb. oben). Durch etappenweisen Aufbau und einen leicht trapezförmigen Schnitt lassen sich kahle Stellen vermeiden.

Buchshecken schneiden

Niedrige Buchshecken aus schwach wachsenden Sorten dienen vor allem als Beeteinfassung. Bei älteren Pflanzen reicht ein Schnitt vor Ende Juli aus. Junge Hecken schneidet man bis Ende Juli dreimal, um Verzweigungen zu fördern. Stellen Sie für den Schnitt der Oberseite ein Brett in der gewünschten Höhe senkrecht an die Hecke. Schneiden Sie entlang dieser Kante. Dann legen Sie ein Brett in der gewünschten Breite obenauf. Fixieren Sie es mit zwei Stäben, die durch Bohrlöcher gesteckt sind, in der Erde. Schneiden Sie die Seiten der Hecke entlang der Brettkanten in leichte Trapezform, damit die Hecke auch unten Licht bekommt.

Eibenhecke verjüngen

Die Eibe ist das einzige Nadelgehölz, das sich problemlos verjüngen lässt. Wird die Hecke nach 10–15 Jahren zu groß, schneiden Sie kurz vor dem Austrieb. Schneiden Sie im ersten Jahr nur eine Seite, im zweiten die Rückseite und im dritten die Oberseite. Die Seiten schneiden Sie auf Zapfen bis kurz vor den Gerüsttrieben zurück. Oben kürzen Sie bis unter die Besen. Schneiden Sie die Hecke weiter als auf die gewünschte Endgröße zurück. Durch einen stufenweisen Neuaufbau über vier Jahre entstehen viele Verzweigungen. An den Außenseiten sind dann nur feine Triebe vorhanden, die sich gut mit der Heckenschere schneiden lassen.

Formschnitt

GEHÖLZE FÜR DEN FORMSCHNITT:

Name	Schnitt
Blutberberitze *Berberis thunbergii* 'Atropurpurea'	wegen der Langtriebe zweimal, jüngere Pflanzen dreimal jährlich schneiden
Buchs *Buxus*-Arten und -Sorten	in der Jugend drei- bis viermal, später ein- bis zweimal pro Jahr, ältere Pflanzen einmal pro Jahr schneiden
Eibe *Taxus baccata*, *T. media*-Sorten	Jungpflanzen zur besseren Verzweigung dreimal jährlich, ältere Pflanzen einmal im Sommer schneiden
Heiligenkraut *Santolina*-Arten und -Sorten	leichter Formschnitt nach der Blüte, nachschneiden vor dem Austrieb im Frühjahr, frostempfindlich
Immergrüne Heckenkirsche *Lonicera pileata*, *L. nitida*-Sorten	Langtriebe zwei- bis dreimal im Sommer schneiden
Lebensbaum *Thuja*-Arten und -Sorten	oft als Formschnitt angeboten, Verjüngung aber schwierig, einmal im Sommer schneiden
Liguster *Ligustrum*-Arten und -Sorten	vor allem als Hochstämmchen mit Kugeln im Handel, bilden gerne Langtriebe, deshalb zweimal im Sommer schneiden und Wildtriebe entfernen. Vorsicht: Vor Kälte schützen, da veredelt!
Scheinzypressen *Chamaecyparis*-Arten und -Sorten	jüngere Pflanzen zweimal pro Jahr schneiden, ältere einmal, verträgt Verjüngungsschnitte schlecht
Zwergblutberberitze *Berberis thunbergii* 'Atropurpurea Nana'	pro Jahr zweimal schneiden, besonders für kleine Formen geeignet

Formen gestalten

Formschnittgehölze wirken am eindrucksvollsten, wenn ihre Form jederzeit klar erkennbar ist. Wenig geeignet sind daher Gehölze, die über den Sommer lange Triebe bilden, denn sie müssten oft nachgeschnitten werden. Bei kurztriebigen oder langsam wachsenden Arten reichen dagegen ein bis zwei Schnitte im Jahr. Allerdings bedeutet ein wiederholter Schnitt nicht unbedingt immer Mehraufwand: Schneiden Sie zum Beispiel eine Buchskugel alle vier Wochen nach, sind die letzten Schnittstellen noch gut zu erkennen. Die Form muss dann nicht jedes Mal aufwendig aufs Neue herausgearbeitet werden. Formgehölze schneiden Sie von Ende Februar bis Ende Juli. Wenn Sie später schneiden, können die Neutriebe nicht mehr ausreifen und frieren im Winter zurück. Schneiden Sie lieber bei bewölktem, kühlem Wetter als an heißen, sonnigen Tagen, das bekommt den Pflanzen besser. Denn durch den Schnitt stehen plötzlich jene Blättchen im Licht, die vorher noch im Schatten standen. Sie benötigen dann einige Tage, um sich auf die veränderten Lichtverhältnisse einzustellen. Verwenden Sie für den Schnitt je nach Form eine Schnur, einen Draht oder eine Schablone als Hilfsmittel, damit Sie die jeweilige Form schön gleichmäßig und genau herausarbeiten können.

Formschnittgehölze schneidet man wie Hecken. Der Aufbau dauert zwar ein paar Jahre, doch er lohnt sich. Je öfter man schneidet, umso klarer ist die Form der Figuren zu erkennen.

Erziehung in Etappen

Ähnlich wie bei formalen Hecken baut man Formschnitte in Stufen auf, damit die Form möglichst dicht und kompakt wird. In den ersten zwei bis drei Jahren sind bis zu vier Schnitte pro Jahr angebracht, damit sich das Gehölz von innen heraus verzweigt. Starke Triebspitzen, die sich mit der Heckenschere nur schwer bearbeiten lassen, entfernen Sie unterhalb der Oberfläche der Pflanze mit einer Handschere.

Schnitt mit Schablone

Hilfsmittel erleichtern den Schnitt komplizierter Formen. Verwenden Sie deshalb beim Schneiden unbedingt Schablonen. Ist die Form vollendet, wiederholt sich derselbe Schnitt jedes Jahr. Schablonen aus Draht empfehlen sich für Kegel, Pyramiden, Spiralen und Kugeln. Für Pyramiden erstellen Sie ein Drahtskelett der gewünschten Größe, das Sie über die Pflanze stülpen. Eine Kugelschablone schneiden Sie halbkreisförmig aus Holz oder Pappe und fixieren sie mit einem Stab im Zentrum der Pflanze so, dass sich die Schablone um die Pflanze drehen lässt. Je öfter Sie schneiden, umso besser wird die perfekte Form bewahrt.

Kleine Formen schneiden

Für kleine Formen sind Heckenscheren (im Foto rechts) zu groß und zu schwer. Mit einer kleinen Schere, einer sogenannten Buchsschere (im Foto links), arbeiten Sie leichter und genauer. Sogenannte Schafscheren sind für den Schnitt in noch weiche Triebe geeignet, Verholztes schneiden sie nur mit Mühe. Beim Schnitt einer Buchskugel schneiden Sie zuerst an der Oberseite eine ebene Fläche. Von der Mitte arbeiten Sie sich dann rundherum nach unten. Zur Kontrolle schauen Sie von oben und nicht von der Seite auf die Pflanze. Die schönsten Buchskugeln liegen flach auf der Erde; schneiden Sie die Unterseite also nicht ganz rund.

Mit einem jährlichen Schnitt im Juli bleibt die Krone der Quitte kompakt. Langtriebe werden dabei entfernt, die Früchte tragenden Triebe erhalten.

OBSTGEHÖLZE

Obstgehölze sollen viele vitaminreiche und aromatische Früchte tragen – der richtige Schnitt ist die Voraussetzung dafür.

Jeder Obstgehölzbesitzer möchte reichlich Früchte ernten. Doch ein hoher Ertrag bei Obstgehölzen bedeutet nicht gleichzeitig, dass die Früchte auch qualitativ hochwertig sind. Muss beispielsweise ein Apfelbaum sehr viele Früchte ernähren, bleiben diese klein und enthalten weniger Vitamine und weniger Aromastoffe als ausreichend mit Nährstoffen versorgte Äpfel.

Außerdem brauchen die Früchte genügend Sonne, denn im Schatten können sie nur wenig Geschmack und Qualität entwickeln. Zudem sind sie nicht lagerfähig, weil sie deutlich weniger Zucker und Säure enthalten.

Wenn man Obstgehölze nicht regelmäßig schneidet, vergreist das Fruchtholz – das sind die Triebe, an denen Blüten und Früchte entstehen – nach einigen Jahren. Denn die meisten Obstgehölze besitzen das hochwertigste Fruchtholz an zwei- bis dreijährigen Trieben. Ältere Triebe tragen nur wenige und qualitativ schlechtere Früchte. Es gibt aber Ausnahmen wie z. B. Pfirsich oder Sauerkirsche: Sie blühen nur an einjährigen Trieben.

Erziehungsform und Schnitt

Ziel des Schnittes der Obstgehölze ist es also, vitales, gesundes Fruchtholz zu fördern und so zu schneiden, dass Licht und Luft in das Gehölzinnere gelangen und die Pflanzen gesund bleiben.

Die Wuchsstärke ist abhängig von der Unterlage und gibt die Größe vor, die ein Obstgehölz erreichen kann. Bei einem stark wüchsigen Hochstamm dauert es einige Jahre, bis Sie ein stabiles Gerüst aus mehreren Ästen erziehen; wächst der Baum nur schwach, so ist z. B. eine Spindelform schon nach drei Jahren vollendet. Vor dem Schneiden sollten Sie deshalb die zukünftige Größe Ihrer Obstgehölze kennen und sich außerdem darüber im Klaren sein, ob Sie Ihren Obstbaum z. B. als Hochstamm mit Krone oder als Spindel erziehen wollen (Seite 98).

Unveredelte Beerenobstsorten wachsen gleich stark, trotzdem können Sie diese unterschiedlich erziehen. Eine Stachelbeere können Sie frei stehend oder als Spalier am Gerüst erziehen, beide werden aber anders geschnitten als ein Hochstämmchen mit veredelter Krone.

Obstbäume

Bei Obstbäumen hängen Erziehungsform und Größe von der Wuchsstärke ab, die Qualität der Früchte dagegen vom richtigen Schnitt.
Bei veredelten Gehölzen besitzt der Wurzelstock einen regulierenden Einfluss auf das Wachstum (Seite 14/15, Tabelle). So ist es möglich, dass man dieselbe Sorte als Bäumchen von 2 m oder als Baum von 10 m Höhe ziehen kann.

Schwach wachsende Bäume

- kommen schon mit drei Quadratmetern Standraum aus,
- benötigen ihr Leben lang einen Stützpfahl,
- vertragen keine Wurzelkonkurrenz von Gräsern oder anderen Pflanzen um das Gehölz,
- besitzen einen kleinen Wurzelstock, der intensive Bodenpflege und Düngung erfordert,
- benötigen einen jährlichen Schnitt,
- liefern nach zwei Jahren die ersten Früchte,
- haben eine Lebenserwartung von 15–25 Jahren.

Stark wachsende Bäume dagegen

- haben eine Erziehungsphase von fünf bis zehn Jahren,
- sind langlebiger und müssen als erwachsene Gehölze nicht jährlich geschnitten werden,
- brauchen als Hochstämme manchmal mehr als 100 Quadratmeter Platz.

Die unterschiedliche Wuchskraft der Unterlagen schlägt sich in den Nachbarschaftsrechtsgesetzen (NRG) der Bundesländer nieder. Bitte informieren Sie sich vor dem Pflanzen über die richtigen Grenzabstände.

Der Aufbau

- Bei Obstgehölzen unterscheidet man zwischen Gerüsttrieben und Fruchttrieben. Die Gerüsttriebe bilden die tragende Struktur des Gehölzes, sie werden nicht ersetzt, sondern bleiben bestehen, so lange das Obstgehölz lebt. Der klare Aufbau eines Gerüstes ist die Garantie für eine einfache Pflege und für regelmäßige, wertvolle Erträge.
- Bei Obstbäumen mit **Rundkrone** besteht das Gerüst aus dem Stamm und einem Mitteltrieb sowie drei bis vier Seitentrieben. Die Gerüsttriebe sollen die Fruchtlast tragen, ohne abzubrechen oder sich zur Erde zu senken. Stehen sie schräg nach oben, ernährt der Saftstrom auch die äußeren Spitzen. Die Gerüsttriebe werden deshalb während der Erziehung durch Einkürzen des einjährigen Triebes in den ersten vier bis sieben Jahren im Dickenwachstum gefördert.
- Vom Gerüst ausgehende flache Seitentriebe nennt man Fruchttriebe. Vergreisen sie, werden sie nahe am Gerüst durch neue Triebe ausgetauscht.
- Schwächer wachsende Bäume unter 3 m Endhöhe werden in Tannenbaumform erzogen; sie sind als **Spindelbäume** bekannt. Bei dieser Erziehung, die etwa drei Jahre dauert, bildet nur ein kurzer Stamm mit geradem Mitteltrieb das Gerüst. Die flachen Seitentriebe sind untergeordnete Fruchttriebe.

UNTERLAGEN FÜR OBSTGEHÖLZE

Erziehungsform	Unterlage/Wuchs/Höhe
Apfelspindel	M 9, schwach, 2,5 m
Apfelrundkrone, Halb- und Hochstamm	M 11, A2, Apfelsämling, stark, 8 m
Birnenspindel,- busch	Quitte A, C, mittel, 4 m
Birnenrundkrone, Meter- bis Hochstamm	Birnensämling, stark, 10 m
Süßkirschenspindel, Busch	Gisela 5, mittelstark, 3 m
Süßkirschenrundkrone, Meter bis Halbstamm	F12/1, stark, 6 m
Süßkirschenrundkrone, Hochstamm	Kirschensämling, stark, 10 m
Sauerkirsche, alle Kronenformen	Kirschensämling, stark, 10 m
Zwetschgen-, Pflaumen-, Mirabellenspindel, -busch, -rundkrone, Halb- bis Hochstamm	Gf655/2, Ferely, mittelstark, 4–5 m Myrobalane, 6 m

Diese Kirschenrundkrone ist vorbildlich gepflegt und besitzt ein lockeres Gerüst.

Alter und Schnitt

Je nach Alter des Obstgehölzes ist ein Pflanz-, Erziehungs-, Erhaltungs- oder Verjüngungsschnitt notwendig.

- Mit dem Pflanzschnitt (Seite 100) gleichen Sie bei wurzelnackten Gehölzen den Wurzelverlust aus, der beim Ausgraben in der Baumschule entstanden ist, und legen die spätere Form fest.
- In den ersten drei bis vier Jahren wird durch den Erziehungsschnitt (Seite 100/101) im Frühjahr die Form der späteren Krone festgelegt. Obwohl sich in dieser Zeit schon Früchte bilden können, sind sie nicht das vorrangige Ziel.
- Vor allem im Jugendstadium erscheinen unterhalb der Veredlungsstelle oder aus der Erde noch Wildtriebe. Entfernen Sie diese regelmäßig.
- Ist der Baum erst einmal erzogen, ändert sich die Absicht beim Schnitt – er dient nun der Produktion hochwertiger Früchte. Mit diesem Erhaltungsschnitt (Seite 101) bewahren Sie vitales Fruchtholz, übermäßiges Wachstum wird gebremst und vergreiste Fruchttriebe werden ersetzt. Spindelbäume benötigen einen jährlichen Erhaltungsschnitt (Seite 113), bei älteren Rundkronenbäumen reicht es, wenn Sie alle drei Jahre schneiden. Je regelmäßiger Sie schneiden, desto leichter geht der Schnitt von der Hand.
- Wird bei älteren Obstgehölzen der Erhaltungsschnitt nicht regelmäßig durchgeführt, vergreisen die Fruchttriebe, das Kroneninnere verkahlt. Mit dem Verjüngungsschnitt (Seite 101) entfernen Sie vergreiste Triebe und regen die Pflanze zu neuem Wachstum an. In den nächsten zwei Jahren ist eine Nachpflege nötig.

Schnittzeitpunkt

Am stärksten wird das Wachstum durch den Winterschnitt angeregt. Allerdings ist das Gehölz zu dieser Zeit in einer Ruhephase und kann Wunden nicht verschließen (Seite 24/25). Deswegen schneidet man nur robuste Arten wie Apfel oder Birne im Winter. Alle anderen schneiden Sie im Frühjahr. Das Wachstum wird dann zwar weniger angeregt, doch der Baum kann den Eingriff besser verkraften.

Einige Obstarten reagieren auf Schnittmaßnahmen mit Zurücktrocknen der Schnittstellen in den Hauptast hinein. Schneiden Sie deshalb empfindliche Arten wie Pfirsich, Aprikose, Kirsche, Zwetschge und Walnuss im Sommer zwischen Juli und Mitte September, dann kann sich die Wunde leichter schließen. Früh reifende Arten oder Sorten schneidet man gleich nach der Ernte. Bei späten Zwetschgen oder Walnussbäumen müssen Sie einen Teil der Ernte opfern, wenn Sie schneiden.

Wenn Sie bis Mitte Juli schneiden, wachsen noch im selben Sommer neue Triebe mit Blütenknospen. Bei einem Schnitt nach Mitte August treiben die Bäume nicht mehr aus, können aber die Wunden noch schließen. Der Sommerschnitt (Seite 24/25) ist also verträglich und beruhigt das Wachstum.

Rundkrone bei Apfelbäumen

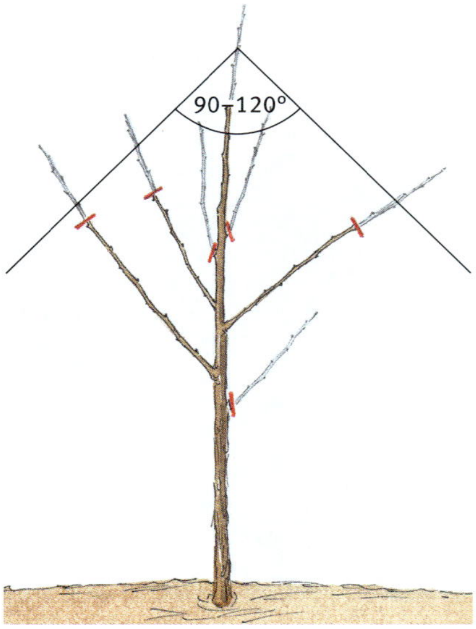

Pflanzschnitt

Der junge Baum besteht aus dem Stamm und fünf bis sieben einjährigen Trieben. Legen Sie zuerst fest, welche Triebe Gerüstäste werden. Dazu wählen Sie einen Mitteltrieb und drei Seitentriebe, die mindestens in einem 45°-Winkel vom Mitteltrieb abzweigen. Alle anderen Triebe entfernen Sie, damit die ganze Energie in den Gerüstaufbau geht. Die Seitentriebe kürzen Sie um ein Drittel, schwache auf die Hälfte. Die oberste Knospe am Trieb weist jeweils nach außen, damit die Triebverlängerung nach außen wächst. Kürzen Sie den Mitteltrieb so, dass die Spitzen der Seitentriebe einen Winkel von 90°–120° zueinander bilden.

Erziehung ein Jahr später

Ein Jahr später sind neue einjährige Triebe entstanden, die Gerüstäste sind gewachsen, und unterhalb der Spitze haben sich Konkurrenztriebe gebildet. Konkurrenztriebe und senkrechte Triebe entfernen Sie und lassen nur flache Seitentriebe stehen. Von den Gerüsttrieben kürzen Sie ein Drittel des Neuzuwachses ein, die Seitengerüsttriebe in einer Höhe auf nach außen weisende Knospen. Den Mitteltrieb schneiden Sie so zurück, dass ein Winkel von 90–120° zwischen den Gerüsttrieben entsteht; die oberste Knospe des Mitteltriebs weist in die Richtung, die der des vergangenen Jahres entgegengesetzt ist; so setzt sich die Mitte gerade fort.

Schnitt einer 6- bis 8-jährigen Krone

Entfernen Sie Triebe, die nach innen oder steil nach oben wachsen. Die Gerüstastverlängerungen kürzen Sie ab dem 6. Jahr nicht mehr ein, sondern schneiden nur noch ihre Konkurrenztriebe heraus. Auch nach Jahren muss ein Gerüstast von der Basis bis zur Spitze schlank auslaufen, sodass Licht in das Bauminnere gelangt. Ältere Fruchttriebe, die sich senken, lenken Sie auf einen weiter innen am Ast stehenden, zweijährigen Trieb mit Blütenknospen um, der schräg nach oben und außen wächst. Starke Fruchtäste am Mitteltrieb, die Seitengerüstäste schattieren, entfernen Sie. Flache, schwache Seitentriebe belässt man als neue Fruchttriebe.

► **EXPERTENTIPP** Am Stamm wachsende Triebe und Wildtriebe entfernen Sie im Sommer.

Die Erziehung des Apfelbaums zeigt, wie man Schritt für Schritt eine Rundkrone aufbaut und über die nächsten Jahre regelmäßig pflegt. Als Lohn bringt der Baum viele Jahre eine üppige Ernte.

Das Fruchtholz des Apfels
An einjährigen Langtrieben bilden Apfelbäume keine Blüten aus. Bleiben die Triebe kürzer als 15 cm, besitzen sie in der Regel eine Blüte an der Endknospe. Das ergiebigste Blütenholz sind zweijährige Triebe, an ihnen wachsen kleine Spieße mit je einer Blütenknospe. Im nächsten Jahr verzweigen sich diese Spieße mit neuen Blütenknospen weiter, sind aber immer noch vital. In den folgenden Jahren setzt sich dieser Prozess fort – das Fruchtholz ist jedoch dann nicht mehr vital, hängt zur Erde und sollte ersetzt werden. Dazu wird der Trieb auf einen weiter innen am Ast stehenden jüngeren Trieb, der schon Blütenknospen besitzt, umgelenkt.

Eine Rundkrone verjüngen
Ohne regelmäßigen Erhaltungsschnitt vergreisen Obstbäume nach sechs bis zehn Jahren. Die Gerüstäste haben sich besenartig verzweigt und nach unten gesenkt, es gelangt kein Licht mehr in das Kroneninnere, die Fruchtäste hängen lang über. Entfernen Sie steil in die Krone ragende Triebe und verschlanken Sie die Spitzen der Gerüstäste, indem Sie überhängende Besen auf einen weiter innen, steiler stehenden Jungtrieb umlenken. Er sollte ohne Konkurrenz wachsen. Lenken Sie zu lange Fruchtäste auf weiter innen stehende Triebe um. Sehr starke Fruchttriebe entfernen Sie zugunsten junger Triebe, die dem Gerüst entspringen.

Sommerschnitt nach der Verjüngung
Der Verjüngungsschnitt regt den Baum zu neuem Wachstum an. An den Schnittstellen, an denen Besen entfernt wurden, bilden sich im nächsten Frühsommer Jungtriebe. Lassen Sie an diesen Schnittstellen nur ein bis zwei flach nach außen wachsende Triebe stehen, und entfernen Sie überzählige im Sommer, damit der Austrieb im Folgejahr schwächer bleibt. Auch an den Gerüsttrieben haben sich neue Triebe entwickelt. Schneiden Sie solche, die in Konkurrenz zu den Gerüsttrieben stehen, heraus und verschlanken Sie die Spitzen der Gerüsttriebe. Lange, steile Triebe, die nicht als flache Fruchttriebe geeignet sind, entfernen Sie ebenfalls.

► An diesen Trieben bilden Obstgehölze Blüten und Früchte: Seite 16

Aufbau der Rundkrone: Fehler beheben

Zu viele Gerüsttriebe

Reduziert man beim Pflanzschnitt die Zahl der Seitengerüsttriebe nicht auf drei, wachsen fünf bis acht kräftige Äste – zu viele für das Gerüst. Wählen Sie drei gleichmäßig verteilte, im Winkel von 45° zur Mitte stehende Seitenäste als Gerüst aus, und entfernen Sie alle anderen. Steilere Gerüsttriebe spreizen Sie ab (Abb. Mitte), flachere binden Sie hoch, sodass sie im Idealwinkel stehen. Konkurrenztriebe und steile Triebe entfernen Sie ebenfalls. So bleiben außer den Gerüstästen nur flache Fruchtäste stehen, die nicht eingekürzt werden. Die Fruchtäste dürfen bei der Rundkrone maximal halb so dick sein wie die Gerüsttriebe.

Steile Gerüsttriebe spreizen

Steht ein Gerüsttrieb von Anfang an sehr steil, lässt sich der Winkel an der Basis nicht mehr verändern. Er muss entfernt werden (Seite 62, Schlitzäste). Oft wachsen Triebe aber flach aus der Mitte und biegen erst nach ein oder zwei Jahren steil nach oben ab. Sie sind für den Gerüstaufbau zu steil und stellen eine Konkurrenz zum Mitteltrieb dar. Solange sie noch biegsam sind, lassen sie sich mit sogenannten Spreizhölzern auf 45° abspreizen. Dazu kürzen Sie einen weichen Weiden- oder Holundertrieb auf die gewünschte Länge, schneiden an den Enden Dreiecke aus und klemmen das Holz zwischen Mittel- und Seitentrieb.

Steiltriebe in älterem Baum

Bei älteren Bäumen ist Spreizen meist nicht mehr möglich, denn die Seitengerüsttriebe sind zu stark. In diesem Fall können Sie sie nur auf tiefer am Ast sitzende und nach außen wachsende Triebe umlenken. Achten Sie darauf, dass die neue Fortsetzung in einem stumpfen Winkel zum Haupttrieb steht, sodass der Saftdruck an der Schnittstelle nur geringen Widerstand hat. Der Mitteltrieb wird verschlankt, die Seitenäste stehen in einem Winkel von 120° zueinander. Steile Fruchttriebe oberhalb der Gerüsttriebe entfernen Sie ganz. Wenn Sie sie nur zurückschneiden, würde das Wachstum noch mehr angeregt.

Selbst wenn die Krone Ihres Baumes trotz Erziehungsschnitt nicht perfekt ist, können Sie den Aufbau des Gerüsts meistens noch korrigieren.

Mehrere Mitteltriebe
Steiltriebe, die nicht aus der Krone entfernt wurden, werden fast so stark wie der Mitteltrieb. Sie beschatten das Kroneninnere, und in der Folge vergreist der untere Teil der Krone. Es entstehen keine neuen Fruchttriebe mehr, die wenigen Früchte bleiben klein und ohne Geschmack. Zugleich werden die darunter liegenden Gerüsttriebe nicht mehr ausreichend mit Nährstoffen versorgt. Solche Steil- oder Konkurrenztriebe müssen unbedingt entfernt werden, auch wenn die Krone dann erst einmal Lücken hat. Es werden sich neue, flache Triebe entwickeln, die nach zwei bis drei Jahren zu Fruchttrieben reifen.

Besen verjüngen
Ohne Schnitt verzweigen sich sowohl die Enden der Gerüst- als auch der Fruchttriebe mehr und mehr. Es entstehen dichte Besen, die sich unter ihrem Eigengewicht sowie der Fruchtlast zu Boden senken. Das Fruchtholz solcher Triebe ist nicht mehr ergiebig. Es bilden sich Scheitelpunkte, an denen wiederum Jungtriebe austreiben, die sich ihrerseits im Lauf der Jahre zu Besen verzweigen. Lenken Sie solche Besen auf schräg nach oben und außen wachsende Jungtriebe um, und verschlanken Sie diese anschließend. Durch diese wenigen Schnitte wird die neue, klar erkennbare Triebspitze besser mit Nährstoffen versorgt.

Reaktion auf die Verjüngung
An jeder Schnittstelle können sich durch den Saftdruck ein Jahr später mehrere Jungtriebe bilden. Dabei gilt: Je größer die Schnittstelle ist, umso mehr Jungtriebe entstehen. Flach nach außen wachsende Triebe lassen Sie stehen, alle anderen entfernen Sie. Kürzen Sie die verbleibenden Triebe nicht ein, das würde das Wachstum nur anregen. Diese verbleibenden Triebe setzen im zweiten Jahr Blütenknospen an und können wiederum ältere Fruchttriebe oder alternde Spitzen ersetzen. Zwei Jahre nach dem Verjüngungsschnitt wechseln Sie zum Erhaltungsschnitt, den Sie in einem Rhythmus von jeweils zwei bis drei Jahren durchführen.

▶ **EXPERTENTIPP** Starke Korrekturschnitte verteilt man besser auf zwei Jahre.

▶ Der Saftdruck und seine Auswirkung: Seite 20/21

Rundkrone bei Birne und Quitte

Birne: Rundkrone erziehen

Auch bei Birnbäumen besteht das Gerüst aus drei Seitentrieben und einem Mitteltrieb. Aber die Äste der Birnbäume wachsen von Natur aus steiler als die der Apfelbäume. Spreizen Sie deshalb steile Seitengerüsttriebe bei Jungbäumen mit einem flachen Winkel an der Basis ab, bei älteren Bäumen lenken Sie diese auf flachere Seitentriebe um. Wächst ein Seitentrieb schon an der Basis steil, wird er entfernt. Weitere steile Triebe im Kroneninneren und Konkurrenztriebe zur Mitte schneiden Sie ebenfalls vollständig ab. Die Fruchttriebe bleiben bis zu fünf Jahren am Baum, dann werden sie durch jüngere Triebe ersetzt oder umgelenkt.

Birne: Erhaltungsschnitt des Fruchtholzes

Birnbäume bilden an zweijährigen Trieben Blüten, teils aber auch an der Spitze einjähriger Triebe, die kürzer als 20 cm sind. Je nach Sorte bilden sich ab dem vierten oder fünften Jahr überhängende Verzweigungen; ohne Schnitt würden Besen daraus. Am Scheitel entstehen dann meist Jungtriebe. Tragen sie ab dem zweiten Jahr Blütenknospen, dienen sie als Ersatz für altes Fruchtholz. Birnbäume bilden eher als Apfelbäume langes Fruchtholz und Jungtriebe, die nicht direkt am Gerüst austreiben. Fördern Sie solche Jungtriebe, indem Sie Fruchttriebe, die älter als vier Jahre sind, entfernen.

Birne: Verjüngungsschnitt

Haben Sie den Erhaltungsschnitt versäumt und haben sich an einem vergreisten Birnbaum dichte Besen und lange, unverzweigte Schleppen im äußeren Kronenbereich gebildet, müssen Sie den Baum verjüngen. Dazu lenken Sie zuerst die überalterten Besen der Gerüst- und Fruchttriebe auf schräg nach außen wachsende Jungtriebe um. Zugleich verschlanken Sie die neuen Spitzen der Gerüsttriebe. Dann schneiden Sie steil stehende ein- und mehrjährige Triebe ganz heraus. Bei der Birne ist dies noch wichtiger als beim Apfel. Sehr lange Fruchttriebe lenken Sie auf näher am Gerüst stehende, nach außen weisende Seitentriebe um.

Birne und Quitte unterscheiden sich in ihrem Wuchscharakter nur wenig vom Apfel. Deswegen gelten für sie beim Schnitt dieselben Grundregeln.

Birne: ein Jahr nach der Verjüngung
An größeren Schnittstellen entsteht im Frühjahr ein Saftstau. Dieser aktiviert ältere Knospen unter der Rinde. Deshalb treiben oft drei und mehr Jungtriebe unterhalb der Schnittstelle aus. Sehr steile Triebe entfernen Sie, belassen aber die flach wachsenden. Ihr Dickenwachstum regt die Bildung von Wundgewebe an. Die Wunde heilt zügiger. Es reicht, wenn nach zwei Jahren nur ein Trieb an der Wundstelle verbleibt. Steht er frei und gut im Licht, wird er zum Fruchttrieb. Weil alte Knospen aber erst spät aktiviert werden, sollten genügend Jungtriebe mit ausgebildeten Knospen für den Austrieb zur Verfügung stehen.

Quitte: Erziehungsschnitt
Die Quitte wächst schwächer als Apfel oder Birne. Ihre Blütenknospen werden im Vorjahr gebildet. Im Frühjahr entsteht dann zuerst ein kurzer Trieb, an dem die Quitte blüht. Blütenknospen sitzen an zweijährigen und älteren Trieben. Nach fünf Jahren nimmt die Vitalität des Fruchtholzes ab. Das Gerüst einer Quittenrundkrone besteht aus dem Mitteltrieb und drei bis vier Seitentrieben. Die ersten fünf Jahre werden sie um je ein Drittel eingekürzt. Quittentriebe wachsen oft kreuz und quer. Achten Sie deshalb auf den Aufbau eines lockeren Gerüstes, und entfernen Sie Fruchttriebe, die sich kreuzen oder nach innen wachsen.

Quitte: Verjüngungsschnitt
Wenn sich an alten Quittenbäumen Gerüstäste senken oder sich an den Spitzen Besen bilden, lenken Sie diese auf weiter innen wachsende jüngere Triebe um und schneiden diese anschließend schlank. Achten Sie bei älteren Bäumen darauf, die Fruchttriebe ebenfalls zu verschlanken, überalterte auf jüngere umzulenken und regelmäßig in Gerüstnähe zu erneuern. Am verträglichsten ist dieser Schnitt im Sommer. Quittenbäume wachsen jedoch auch bei regelmäßiger Pflege und Verjüngung etwas ungeordnet, der Anspruch auf einen »ordentlichen« Baum lässt sich deshalb bei dieser Obstart nicht so konsequent durchsetzen wie bei anderen Obstgehölzen.

► **EXPERTENTIPP** Quittenbäume bevorzugen im Garten einen vor Kälte geschützten Standort.

Walnuss und Süßkirsche

KURZINFORMATION

BESONDERHEITEN BEI DER WALNUSS

Führen Sie Erziehungsschnitte erst nach dem Laubaustrieb im Mai durch. Kürzen Sie Gerüstastverlängerungen möglichst nicht ein, um das Wachstum nicht anzuregen. Entfernen Sie Steiltriebe gleich als einjährige Triebe.

Schnittmaßnahmen wie den Auslichtungsschnitt bei älteren Bäumen führt man Ende August durch.

Vermeiden Sie große Wunden. Muss doch ein großer Ast entfernt werden, ist es besser, ihn umzulenken.

BESONDERHEITEN BEI DER SÜSSKIRSCHE

Führen Sie den Erziehungsschnitt im Frühjahr, Erhaltungs- und Verjüngungsschnitte im Sommer durch. In den ersten fünf Jahren kürzt man jährlich die Verlängerungen der Gerüsttriebe ein, den Erhaltungsschnitt führen Sie alle drei Jahre durch.

Entstehen an den Spitzen Quirle, vereinzeln und verschlanken Sie diese.

Vermeiden Sie große Wunden. Ist dies nicht zu verhindern, schneiden Sie auf Zapfen (Seite 109, Zwetschge).

Walnuss erziehen
Walnussbäume entwickeln sehr große, stabile Kronen. Da der Baum nach dem Frühjahrsschnitt an den Schnittstellen oft tief eintrocknet, sollten Sie Erziehungsschnitte besser nach dem Austrieb im Mai durchführen. Bei Jungbäumen formen Sie die Krone wie beim Apfel. Entfernen Sie zuerst steile Triebe und solche, die eine Konkurrenz zu den Gerüsttrieben bilden. Gerüsttriebe kürzen Sie nur ein, wenn ihre Länge sehr unterschiedlich ist (Seite 100, Apfel), ansonsten sollten sie nicht zurückgeschnitten werden, damit sie nicht eintrocknen.

Walnuss korrigieren
Walnussbäume entwickeln oft steile Triebe, die eine Konkurrenz zu den Gerüstästen sind. Manchmal bilden sich zwei Mitteltriebe, in der Regel ist dabei ein Trieb als Schlitzast gewachsen (Seite 62). Vor allem entlang des Mitteltriebs entwickeln sich Seitentriebe stark, sodass sie die seitlichen Gerüsttriebe beschatten. Entfernen Sie diese Ende August, ebenso steil stehende Triebe und Konkurrenztriebe. Achten Sie auf einen glatten Schnitt, und verschließen Sie nur die Wundränder mit Baumwachs. Vermeiden Sie große Wunden, die Schnittstelle sollte nicht größer sein als der halbe Durchmesser des verbleibenden Haupttriebs.

► **EXPERTENTIPP** Die Walnuss verträgt einen Schnitt im Sommer besser.

Süßkirsche und Walnuss bilden ein langlebiges Gerüst. Der wichtigste Schnitt ist der Erziehungsschnitt. Später ist nur alle paar Jahre ein Erhaltungsschnitt nötig.

Fruchtholz bei der Süßkirsche
Süßkirschen blühen an zweijährigen Trieben, einjährige Langtriebe besitzen keine Blüten. Lediglich einjährige Triebe unter 10 cm Länge tragen an ihrer Basis Blütenknospen. Das Fruchtholz ist sehr langlebig, selbst kurze Triebe blühen noch zuverlässig. Nur bei dieser Obstart entstehen mehrere Jahre alte Triebe, die zwar kaum noch Zuwachs, aber trotzdem wertvolle Blütenknospen besitzen. Sie werden auch Bukettriebe genannt. Der Erhaltungsschnitt bei der Süßkirsche darf deshalb weniger intensiv ausfallen als bei anderen Obstarten – der Aufbau des Gerüstes erfolgt aber auf dieselbe Art und Weise wie beim Apfelbaum.

Süßkirsche erziehen
Bei Kirschbäumen erfolgt der Erziehungsschnitt im Frühjahr. Die Verlängerungen der Gerüstäste kürzen Sie dabei ab dem 6. Jahr nicht mehr ein. Ist der Baum ausgewachsen, ist ein Schnitt im Sommer aber verträglicher. Dabei entfernen Sie sowohl steil stehende Triebe als auch Konkurrenztriebe der Gerüsttriebe. Anfangs flache Fruchtäste kräftigen sich oft und wachsen nach einigen Jahren steil in die Höhe. Auch sie werden entfernt. Kirschbäume treiben meist in Quirlen aus, direkt unter dem Austrieb der Spitzenknospe entwickeln sich auf gleicher Höhe vier bis sieben Seitentriebe. Entfernen Sie die Triebe, und verschlanken Sie die Spitze.

Süßkirsche verjüngen
An älteren Kirschbäumen bilden sich oft überhängende Gerüstpartien und Fruchttriebe. Kirschbäume verjüngen Sie wie Apfelbäume (Seite 101). Die günstigste Zeit dafür ist im Sommer bis Anfang September. Dabei verschlanken Sie die Triebenden. Schneiden Sie keine großen Wunden; sie trocknen oft tief zurück und bilden eine gummiähnliche Masse, die das Heilen der Wunde erschwert. Muss ein großer Ast entfernt werden, lenken Sie ihn nahe am Gerüst auf einen Seitentrieb um. So entsteht am Gerüsttrieb keine Wunde. Nach dem Verjüngungsschnitt reicht es, alle drei Jahre einen Erhaltungsschnitt durchzuführen.

► Querverweise Wundheilung: Seite 34/35

Zwetschge und nahe Verwandte

KURZINFORMATION

BESONDERHEITEN BEI ZWETSCHGE UND CO.

Steile Triebe entfernen Sie bei Zwetschgen, Pflaumen, Mirabellen und Renekloden im Sommer.

Achten Sie darauf, an welchen Trieben Ihre Bäume Blüten bilden, denn neue Sorten tragen zum Teil schon an den einjährigen Trieben Früchte.

Alle Sorten benötigen einen regelmäßigen Schnitt, um über Jahre reichlich Früchte zu tragen.

Renekloden verkahlen oft im Kroneninneren. Schneiden Sie in diesem Fall im Sommer lange Ruten auf kleine Zapfen zurück.

Fruchtholz bei Zwetschgen, Pflaumen, Mirabellen und Renekloden
Die meisten Zwetschgen-Sorten besitzen das ergiebigste Fruchtholz an zwei- und dreijährigen Trieben. Einjährige Langtriebe tragen nur bei wenigen, neuen Sorten Blütenknospen, Kurztriebe tragen dagegen oft Blüten. Nach vier bis fünf Jahren vergreisen die einzelnen Fruchttriebe. Der regelmäßige Schnitt hat deshalb zum Ziel, ständig neues Fruchtholz zu fördern. Senken sich ältere Fruchttriebe, werden sie auf weiter innen stehende, jüngere Triebe umgelenkt. Zwetschgen schneidet man regelmäßig und mäßig, denn einen massiven Verjüngungsschnitt mit großen Schnittwunden vertragen sie nicht.

Pflanzschnitt bei Zwetschge & Co.
Der Gerüstaufbau ist bei Zwetschgen ähnlich wie beim Apfel. Zusätzlich zum Mitteltrieb kann man aber bis zu vier Seitentriebe stehen lassen, da die Fruchttriebe durch den intensiveren Erhaltungsschnitt kürzer bleiben. Zwetschgen und die oben genannten Arten bilden oft steile Konkurrenztriebe zur Mitte, die meist als Schlitzäste (Seite 62) erkennbar sind. Solche Triebe entfernen Sie im ersten Jahr. Dann kürzen Sie die Gerüsttriebe um ein Drittel ein. Die obersten Knospen der Seitengerüsttriebe weisen nach außen, die oberste Knospe der Mitte steht seitlich leicht versetzt über der Triebbasis. Jungtriebe am Stamm entfernen Sie.

Ob Zwetschgen, Pflaumen oder Mirabellen – sie alle tragen die meisten Früchte an zwei- und dreijährigen Trieben und bekommen deshalb einen ähnlichen Schnitt.

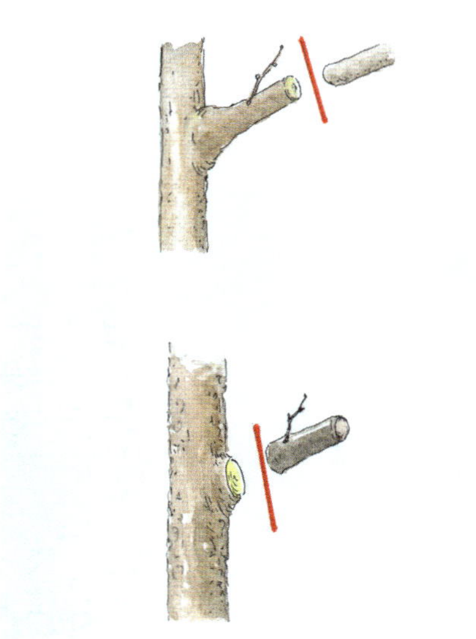

Auf Zapfen schneiden

Bei Zwetschgen und Co. sollten Sie Schnittstellen vermeiden, die größer sind als der halbe Durchmesser des verbleibenden Hauptastes. Solche Schnittstellen trocknen nicht nur tief ein; hier siedeln sich auch Pilze an, die das Holz zerstören. Damit Hauptäste nicht befallen werden, sollte die Schnittstelle immer einen gewissen Abstand zum Hauptast haben. Deshalb lässt man beim Schneiden eines Seitenastes einen 10 cm langen Zapfen stehen (oben). Zwei bis drei Jahre später, wenn der Hauptast dicker geworden ist, schneidet man den Zapfen im Sommer heraus (unten). Die Wunde kann sich nun schneller schließen.

Erhaltungsschnitt

Um die Form des Zwetschgenbaums zu erhalten, schneiden Sie im Sommer nach der Ernte die Enden der Gerüstäste und Fruchttriebe schlank. Dann entfernen Sie steile und in das Kroneninnere ragende Triebe. Entwickeln sich einzelne Fruchtäste zu Konkurrenztrieben der Gerüstäste, schneiden Sie diese auf Zapfen zurück oder lenken sie nahe am Gerüst auf einen flachen Seitentrieb um. Fruchtholz, das älter als drei Jahre ist, wird erneuert, indem man es auf jüngere Triebe umlenkt. Lenken Sie auf mindestens zweijährige Triebe um, die bereits Blütenknospen tragen: So wird das Wachstum nicht unnötig stark angeregt.

Ältere Bäume verjüngen

Wurde der Erhaltungsschnitt über Jahre versäumt, ist ein Verjüngungsschnitt nötig. Entfernen Sie zuerst steile Äste. Sollten zu große Schnittstellen entstehen, lassen Sie einen Zapfen stehen. Die Triebspitzen erneuern Sie, indem Sie überhängende Triebe auf weiter innen wachsende umlenken. Vergreistes Fruchtholz lenken Sie auf einen vitalen Trieb nahe am Gerüst um. Fehlen Triebe, auf die Sie umlenken können, entfernen Sie vergreiste Fruchttriebe trotzdem. Lassen Sie dann aber einen 20 cm langen Zapfen stehen: Ein Stück trocknet ein, aber an der Basis treibt er neu aus. Nach zwei Jahren schneiden Sie dann den trockenen Zapfen aus.

Pfirsich, Aprikose und Sauerkirsche

KURZINFORMATION

BESONDERHEITEN BEI PFIRSICH UND SAUERKIRSCHE

Sowohl Pfirsich als auch Sauerkirsche vertragen einen Sommerschnitt besser als einen Schnitt im Winter.

Lenken Sie jedes Jahr die Fruchttriebe auf Seitentriebe nahe des Gerüsttriebes um.

Erziehen Sie Pfirsichbäume ohne Mitteltrieb. So gelangt mehr Licht ins Innere des Baumes.

BESONDERHEITEN BEI APRIKOSE

Aprikosen werden meist als Spalier an einer Wand, ansonsten wie Pfirsich erzogen. Ihre Blütenknospen bilden sie vor allem an einjährigen Trieben bis zu 15 cm Länge.

Schneiden Sie Aprikosen ausschließlich im Sommer. Entfernen Sie dabei aus dem Gerüst wachsende Steiltriebe bis auf 10 cm lange Zapfen. Die Gerüsttriebspitzen kürzen Sie auf 50 cm des Neuzuwachses ein, Konkurrenztriebe zur Spitze entfernen Sie vollständig.

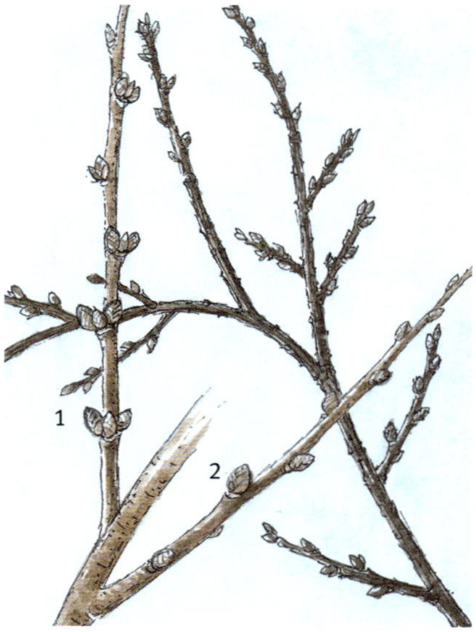

Die Fruchttriebe
Pfirsich (links) und Sauerkirsche (rechts) bilden ausschließlich an einjährigen Trieben Blüten. Am reichsten blühen 20–40 cm lange Triebe. Diese Fruchttriebe tragen beim Pfirsich zwischen zwei Blütenknospen je eine Triebknospe. Solche »wahren« Fruchttriebe lassen Sie stehen (1). Kürzere Triebe tragen pro Knospenansatz nur eine runde Blütenknospe und entwickeln kaum Blätter, die die Früchte im Sommer ernähren (2). Sie werden auf kleine Zapfen zurückgeschnitten. Bei Sauerkirschen verkahlt das Fruchtholz ohne Schnitt, es bilden sich lange, überhängende Triebe. Der Schnitt regt die Fruchtholzbildung nahe am Gerüst an.

Pfirsich: Pflanzschnitt
Junge Pfirsichbäume bestehen zunächst aus einem starken Mitteltrieb, der von unten bis oben mit Seitentrieben besetzt ist. Beim Pflanzschnitt wird die Stammhöhe sowie das Kronengerüst festgelegt. Dabei wird der Mitteltrieb entfernt, damit viel Licht in das Kroneninnere gelangt. Das Gerüst besteht also nur aus vier Seitentrieben, der Mitteltrieb wird knapp über dem letzten Seitentrieb in der gewünschten Höhe zurückgeschnitten. Schneiden Sie die vier Gerüsttriebe um ein Drittel zurück, die oberste Knospe sollte nach außen weisen und muss eine spitze Blattknospe sein. Alle übrigen Triebe entfernen Sie.

Pfirsich, Aprikose und Sauerkirsche bilden ihre Blüten an einjährigen Trieben und werden deshalb ähnlich geschnitten.

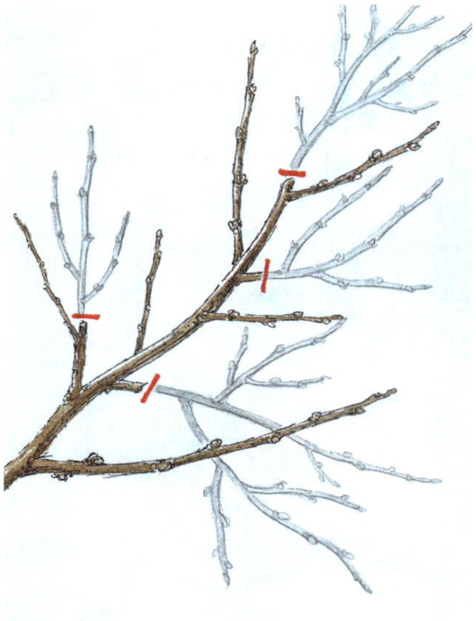

Pfirsich: Erziehungs- und Erhaltungsschnitt
In den ersten vier Jahren verlängern Sie die Gerüsttriebe um jeweils 50 cm, d. h. Sie lassen vom jährlichen Neuzuwachs der Triebe 50 cm stehen. Nach vier Jahren erreicht der Baum seinen endgültigen Kronendurchmesser von 3–4 m. Sehr kurze Fruchttriebe, die nur Blüten tragen, sowie stark ins Kroneninnere ragende Triebe schneiden Sie auf 3–5 cm lange Zapfen zurück. Lassen Sie pro 10 cm Gerüsttrieblänge zwei bis drei Fruchttriebe mit Blüten- und Blattknospen stehen. Überzählige Triebe schneidet man auf Zapfen zurück. Lichten Sie regelmäßig bis zu zwei Drittel der einjährigen Triebe aus.

Sauerkirsche: Erziehungs- und Erhaltungsschnitt
Sauerkirschen werden zur Rundkrone mit einer Mitte und drei bis vier Seitentrieben als Gerüst erzogen. Die Gerüstverlängerungen kürzen Sie die ersten fünf Jahre jeweils um die Hälfte ein, dann ist die Krone aufgebaut. Vorrangiges Ziel beim Erhaltungsschnitt ist, jährlich Jungtriebe nahe am Gerüst zu erhalten. Aber zuerst schneiden Sie steile Triebe und Konkurrenztriebe an den Spitzen heraus. Dann lichten Sie die Fruchttriebe aus. Lassen Sie pro 10 cm Gerüstastlänge maximal drei 20–30 cm lange einjährige Triebe stehen. Die restlichen Triebe sowie Kurztriebe entfernen Sie auf kleine Zapfen nahe am Gerüst.

Vergreiste Sauerkirsche verjüngen
Werden Sauerkirschbäume drei Jahre oder länger nicht geschnitten, vergreisen sie schnell: Es bilden sich überhängende, schleppenähnliche Triebe. Dann ist ein Verjüngungsschnitt fällig: Lenken Sie vergreiste Gerüsttriebe sowie Schleppen auf jüngere Seitentriebe um. Diese Seitentriebe sollten so nahe wie möglich an den Gerüsttrieben wachsen. Sind keine Jungtriebe mehr vorhanden, weil die Vergreisung weit fortgeschritten ist, schneiden Sie kahle Triebe auf einen kleinen Zapfen am Gerüst zurück. Diese treiben wieder aus. Stark überalterte Sauerkirschen verjüngen Sie in mehreren Etappen über zwei bis drei Jahre.

Spindelbaum bei Apfelbäumen

KURZINFORMATION

HÄUFIGE FEHLER UND IHRE KORREKTUR

Problem: Seitenäste und Mitte wurden eingekürzt. Dadurch wurde das Wachstum stark angeregt, es haben sich etliche einjährige Triebe gebildet.
Lösung: Verschlanken Sie die Spitzen auf Blüten tragende Verlängerungen, kürzen Sie einjährige Triebe nicht ein. Sommerschnitt bremst das Wachstum.

Problem: Der Baum wächst sehr stark, obwohl er richtig geschnitten wurde.
Lösung: Kontrollieren Sie, ob die Veredlungsstelle in der Erde liegt und die Edelsorte eigene Wurzeln ausgetrieben hat. Wenn ja, entfernen Sie Wurzeln oberhalb der Veredlungsstelle und legen die Veredlungsstelle frei.

Problem: Die obere Hälfte des Baumes entwickelt sich kräftig, die untere vergreist.
Lösung: Entfernen Sie im Sommer starke und steil wachsende Triebe in der oberen Baumhälfte am Mitteltrieb, belassen Sie nur flache Jungtriebe.

Problem: An älteren Bäumen bilden sich zwar viele, aber kleine Früchte.
Lösung: Schneiden Sie stärker, und regen Sie den Baum durch Umlenken auf jüngere Triebe zu neuem Wachstum an.

Pflanzschnitt
Ein Spindelbaum wird an einen 2 m hohen Pfahl gepflanzt. Er hat nur einen Mitteltrieb, alle Seitentriebe sind Fruchttriebe. Ein idealer Baum hat beim Kauf fünf bis sieben flache Seitenäste, die über 60 cm Stammhöhe verteilt sind. Steile Triebe, vor allem im oberen Bereich des Mitteltriebs, entfernen Sie. Die verbleibenden Seitentriebe werden nicht eingekürzt. Der Mitteltrieb sollte oberhalb des letzten Seitentriebs nicht länger als 50–60 cm sein. Ist er länger, wird er entsprechend gekürzt. Neu austreibende steile Triebe an der Spitze entfernen Sie im folgenden Sommer und lassen nur einen als Verlängerung des Mitteltriebs stehen.

Apfelspindel erziehen
Nach drei bis vier Jahren hat ein Spindelbaum bereits seine Endgröße erreicht. Der Schnitt im Frühjahr beschränkt sich nun darauf, Spitzen des Mitteltriebs und der seitlichen Fruchtäste zu verschlanken. Einjährige Triebe sollten Sie nicht einkürzen. Von der Basis an steil wachsende Triebe werden vollständig entfernt. Entstehen im oberen Bereich des Baumes flache Triebe, die für die Spindelform zu lang sind und dadurch unterhalb wachsende Triebe beschatten, entfernt man sie ebenfalls. Unterhalb der Veredlungsstelle wachsende Wildtriebe reißt man gleich im Sommer aus, solange sie noch unverholzt sind.

Spindelbäume sind ideal für kleine Gärten: Sie bleiben klein und tragen schnell Früchte. Voraussetzung dafür ist, dass sie regelmäßig geschnitten werden.

Erhaltungsschnitt

Nach vier oder fünf Jahren senkt sich die Spitze des Mitteltriebs unter der Fruchtlast ab, am Scheitelpunkt entstehen Jungtriebe. Entfernen Sie alle bis auf einen. Weist dieser Jungtrieb nach zwei Jahren Blütenknospen auf, lenken Sie die alte, überhängende Spitze auf diesen Trieb um. Achten Sie darauf, dass der Baum oben schlank bleibt. Sind die Seitenäste an der Astbasis dicker als die Hälfte des Mitteltriebs an der entsprechenden Stelle, schneiden Sie diese Seitenäste bis auf einen 5 cm langen Zapfen zurück. Stark überhängende Spitzen der Fruchttriebe können Sie auf weiter innen stehende, mit Blüten besetzte Triebe umlenken.

Verjüngungsschnitt

Bei vergreisten Spindelbäumen hängen die Spitzen der Mitte und der Fruchttriebe nach unten und bilden kein wertvolles Fruchtholz mehr. Solche Triebe lenken Sie auf waagerecht nach außen wachsende Jungtriebe um und verschlanken diese anschließend. Ist der Triebdurchmesser größer als die Hälfte des Mitteltriebs, schneiden Sie den Trieb auf einen Zapfen zurück. Die überhängende Baumspitze der Spindel wird auf einen schräg nach oben wachsenden Trieb umgelenkt, auch hier verschlanken Sie anschließend. Aufrechte und starke Triebe entfernen Sie – im oberen Bereich direkt am Mitteltrieb, im unteren auf kleine Zapfen.

Kopflastige Bäume

Überschreiten Spindelbäume ihre zugedachte Höhe, werden sie oft an der Spitze eingekürzt. Diese Maßnahme regt aber das Wachstum zusätzlich an, und der Baum entwickelt mehrere steile Triebe. Ohne Korrekturschnitt würde in der Spitze ein starker Besen entstehen, während die unteren Baumteile vergreisen. Wird der Baum zu groß, lichten Sie besser die steilen Triebe an der Spitze bis auf einen aus und lassen flache und schwache stehen. Im Idealfall steht ein zweijähriger, bereits mit Blütenknospen besetzter Trieb zur Verfügung. Die entstehenden Früchte bremsen im kommenden Sommer zusätzlich das Wachstum.

▶ **EXPERTENTIPP** Ein Sommerschnitt beruhigt starkes Wachstum am besten.

Spindelbäume bei anderen Obstarten

KURZINFORMATION

BESONDERHEITEN BEI DER BIRNE
Ziel ist es, den steilen Wuchs der Birne zu bremsen. Steiltriebe entfernt man schon im Sommer, umgelenkt wird immer auf zweijährige Triebe.

BESONDERHEITEN BEI DER KIRSCHE
Bevorzugen Sie bei Kirschen den Sommerschnitt. Dabei schneidet man alle Steiltriebe auf Zapfen zurück. Sorgen Sie dafür, dass sich keine starken Seitentriebe bilden.

BESONDERHEITEN BEI DER ZWETSCHGE
Der Mitteltrieb wird erst nach vier bis fünf Jahren umgelenkt, auch wenn der Baum dadurch 4 m hoch wird. Der Spitzentrieb der Mitte sollte immer mindestens zweijährig sein. Schneiden Sie lieber im Sommer, um das Wachstum nicht unnötig anzuregen. Fruchttriebe werden auf Zapfen zurückgeschnitten.

Die ideale Birnenspindel
Birnen entwickeln anders als der Apfel eher steile Triebe und einen sehr starken Mitteltrieb. Achten Sie beim Schnitt darauf, den Mitteltrieb schlank zu halten, und entfernen Sie starke und steile Triebe. Die Verlängerung an der Spitze des Mitteltriebs sollte mindestens aus einem zweijährigen Trieb bestehen, er verwendet seine Energie teilweise zur Fruchtproduktion und bremst so das Wachstum. Seitentriebe, deren Durchmesser zu dick wird, schneiden Sie bis auf kleine Zapfen zurück. Überlange Fruchttriebe lenken Sie auf weiter innen stehende, waagerecht nach außen wachsende zweijährige Triebe um.

Birnenspindel: Erhaltungsschnitt
Wächst eine Birnenspindel zu sehr in die Höhe, sollte die Spitze nicht eingekürzt werden. Denn das hat zur Folge, dass die Spindel stärker wächst. Nach zwei Jahren bildet sich ein starker Kopf, der die unteren Äste beschattet. Um diesen Schnittfehler zu korrigieren, entfernen Sie bis auf einen möglichst zweijährigen Trieb alle steilen Triebe und lassen schwache und flache stehen. Wurde schon vor einigen Jahren eingekürzt und sind die entstandenen Triebe sehr kräftig, schneiden Sie trotzdem bis auf einen alle aus. Der beste Zeitpunkt dafür ist der Sommer, dann wird das Wachstum weniger angeregt als bei einem Winterschnitt.

► **EXPERTENTIPP** Bei Spindeln die Mitte nicht einkürzen, um das Wachstum nicht zu sehr anzuregen.

Für die Spindelbäume von Birne, Kirsche und Zwetschge gelten im Prinzip dieselben Grundregeln wie beim Apfelspindelbaum. Einige Besonderheiten sind zu beachten.

Kirschenspindel

Die Kirsche hat ebenfalls eine starke Tendenz, steile Triebe und einen starken Mitteltrieb zu bilden. Ziel des Schnitts ist es deshalb, die unteren Baumteile vital und das Wachstum der Spitze ruhigzuhalten. Günstigster Schnitttermin ist im Sommer nach der Ernte. Verschlanken Sie die Spitze, und schneiden Sie alle steil wachsenden Triebe auf 10 cm lange Zapfen zurück. Ebenso verfahren Sie mit älteren, seitlichen Fruchttrieben, die zu dick werden (Seite 113, Erhaltungsschnitt). Die Zapfen treiben im selben Sommer wieder mit kurzen Trieben aus und bilden teilweise auch noch Blütenknospen für das nächste Jahr aus.

Zwetschgenspindel

Die Unterlagen für Spindelbäume von Zwetschgen und Mirabellen wachsen stark, sodass sie Höhen von 3 m und mehr erreichen können. Ein zu frühes Umlenken hätte einen sehr starken Wuchs an der Spitze zur Folge. Verschlanken Sie deshalb im Frühjahr die Mitte in den ersten vier Jahren, bis sie flache, mit Blütenknospen besetzte Seitentriebe gebildet hat. Erst dann lenken Sie die Mitte auf einen Seitentrieb in etwa 2,5 m Höhe um. Steile Triebe entfernen Sie bereits im Sommer auf 2 cm kurze Zapfen. Überhängende Fruchttriebe werden regelmäßig auf weiter innen wachsende, flache zweijährige Jungtriebe umgelenkt.

Zwetschgenspindel verjüngen

Ältere Spindelbäume bilden nach einigen Jahren überhängende Baumspitzen. An ihren Scheitelpunkten wachsen Jungtriebe nach. Lenken Sie diese überhängenden Baumspitzen alle drei Jahre auf einen mit Blütenknospen besetzten, aufrecht stehenden Jungtrieb um. Seitliche Fruchttriebe werden auf flache, nach außen wachsende Jungtriebe umgelenkt. Starke, von innen verkahlende Seitentriebe hingegen entfernen Sie auf Zapfen von 10–20 cm Länge. Dieser Schnitt sollte im Sommer durchgeführt werden, damit sich die Wunden schnell schließen. So wird Pilzbefall vermieden und das Eintrocknen der Schnittstellen verhindert.

Spalierobst

KURZINFORMATION

HÄUFIGE FEHLER BEI SPALIEROBST

Problem: Im Frühjahr stehen starke ein- oder mehrjährige senkrechte Triebe entlang der Haupttriebe.
Lösung: Beim Austrieb oder kurz danach schneiden Sie diese Triebe auf 5 cm lange Zapfen zurück. Die im nächsten Sommer wachsenden Neutriebe schneiden Sie wie beschrieben zurück.

Problem: Überalterte Seitentriebe bilden weder Jungtriebe noch Früchte.
Lösung: Schneiden Sie den Haupttrieb im Frühjahr um ein Drittel zurück. Von den sich an der Schnittstelle entwickelnden Neutrieben verwenden Sie einen als neue Verlängerung, die anderen behandeln Sie wie Fruchttriebe. So ist es in Ausnahmefällen auch möglich, einen völlig vergreisten Hauptast nahe am Mitteltrieb zu erneuern.

Problem: Es haben sich Köpfe entlang der Haupttriebe gebildet, der Haupttrieb selbst besitzt kein Fruchtholz, die Form des Spaliergehölzes ist nicht mehr erkennbar.
Lösung: Lenken Sie den Kopf auf einen nahe am Gerüst wachsenden Seitentrieb um und erziehen Sie einen neuen Haupttrieb, oder schneiden Sie die Köpfe auf 5 cm lange Zapfen zurück.

Ein Spalier erziehen
Nach der Pflanzung entscheiden Sie, in welcher Form die Haupttriebe am Gerüst erzogen werden, und schneiden direkt vor dem Austrieb alle flachen Triebe, die nicht als Haupttriebe dienen sollen, auf kleine Zapfen zurück. Steil wachsende Triebe entfernen Sie ganz. Die Triebe für die seitlichen Hauptäste der ersten Etage binden Sie flach an das Gerüst an und kürzen sie auf 60 cm ein. So wird der Austrieb aller Knospen entlang der Triebe begünstigt. Den Mitteltrieb schneiden sie auf 60–80 cm oder fünf Knospen oberhalb der geplanten zweiten Etage zurück. Die Etagen sollten mindestens einen Abstand von 60 cm besitzen.

Schnitt im folgenden Sommer
Am Mitteltrieb entfernen Sie Anfang Juli die zwei bis vier unter der Spitze steil wachsenden Triebe. Die Spitze sowie zwei seitliche Triebe auf Höhe der zweiten Etage bleiben stehen. Letztere werden im 60°-Winkel zur Mitte an einem Bambusstab befestigt, um den Saftdruck gleichmäßig zu verteilen. Ebenso verfahren Sie mit Verlängerungen von Haupttrieben der ersten Etage. Zwischen den Etagen und an den Haupttrieben wachsende Jungtriebe kürzt man, wenn sie zehn Blätter haben, auf sechs ein. Die obersten Knospen dieser Fruchttriebe treiben im Sommer wieder aus. Haben sie wieder zehn Blätter, kürzt man sie auf zwei Blätter ein.

▶ **EXPERTENTIPP** Für Spalierobst brauchen Sie im Sommer ausreichend Zeit für den Schnitt.

Apfel- oder Birnenspaliere sind eine Zierde für jeden Garten. Um ihre Form zu erhalten und wohlschmeckende Früchte zu ernten, brauchen sie regelmäßig einen speziellen Schnitt im Sommer.

Schnitt im folgenden Winter
Als Erstes binden Sie Haupttriebe der zweiten Etage und die Verlängerungen der ersten Etage waagerecht an das Gerüst an und kürzen den vorjährigen Zuwachs wieder auf 60 cm ein. Die im Sommer zweimal eingekürzten Fruchttriebe schneiden Sie bis auf vier Knospen zurück. Wird noch eine dritte Etage von Haupttrieben erzogen, schneiden Sie den Mitteltrieb wieder auf fünf Knospen oberhalb des Drahtes zurück. Bleibt es bei zwei Etagen, wird er oberhalb der zweiten Etage vollständig entfernt. Die im nächsten Sommer an dieser Schnittstelle wachsenden Neutriebe behandeln Sie wie Fruchttriebe.

Der Kordon
Mit dem Prinzip von jährlich verlängerten Haupttrieben und kurzen Fruchttrieben lässt sich auch ein Kordon – ein einarmiges Spalier – gestalten. Damit keine kahlen Stellen entstehen, lässt man pro Jahr nicht mehr als 60 cm vom Zuwachs der Haupttriebe stehen. Der zweimalige Sommerschnitt der Fruchttriebe und das Nachschneiden im Winter werden jährlich wiederholt. Zu einer Wand wachsende Seitentriebe entfernen Sie ganz. Vergreisen auf der Unterseite der Haupttriebe wachsende Fruchttriebe, lichten Sie ein Viertel der Verzweigungen aus. Treiben Neutriebe an der Oberseite sehr stark aus, werden sie bis an das alte Fruchtholz entfernt.

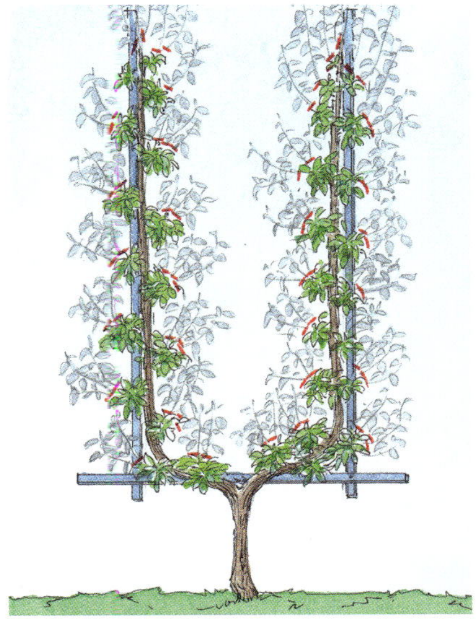

U-Palmette
Als Palmetten werden verzweigte Kordons bezeichnet. Der Aufbau erfolgt wie bei anderen Spalierformen: Jedes Jahr lässt man 60 cm vom Neuzuwachs der Haupttriebe stehen und hält die Seitentriebe durch den Sommer- und Winterschnitt kurz. An der Spitze wachsen Palmetten oft stärker als an der Basis. Folgt auf den zweiten Sommerschnitt der Fruchttriebe ein nochmaliger, kräftiger Austrieb, schneiden Sie deshalb diesen Trieb, sobald zehn Blätter voll entwickelt sind, mit einem dritten Schnitt auf zwei Blätter zurück. Beim Winterschnitt wird der ganze Trieb trotzdem auf vier Knospen auf den Haupttast eingekürzt.

▶ Querverweise Sommerschnitt: Seite 24/25

Fruchtholz und Spalierformen

Fruchtholz erziehen

Durch den Sommerschnitt wird die Bildung von Blütenknospen angeregt. Dies geschieht bei Obstgehölzen in der Regel zwischen Anfang Juli und Mitte August. Ein späterer Schnitt hat auf die Blütenknospenbildung keine Auswirkung mehr, sondern dient lediglich dazu, das Wachstum des Obstgehölzes zu beruhigen. Die Verzweigungen, die sich nach einigen Jahren ergeben, wachsen nur noch gering und bilden reichlich Blütenknospen. Hängen in einem Jahr viele Früchte am Baum, die sich ungenügend entwickeln, pflücken Sie im Juni die kleinen Früchte aus, damit sich die übrigen besser entwickeln können.

Fruchtholz verjüngen

Die Verzweigungen der Fruchttriebe können mehrere Jahrzehnte alt werden. Dabei vergreisen sie auf der Oberseite der Hauptäste langsamer als auf der Unterseite, da der Saftdruck auf der Oberseite stärker wirkt. Vergreisen die kurzen Quirle und bilden keine Blütenknospen mehr, sollten Sie neues Wachstum anregen, indem Sie ein Viertel bis die Hälfte der Verzweigung ausschneiden. Die größte Anregung bewirkt dieser Schnitt im Frühjahr. Entwickeln sich dadurch starke Neutriebe, werden sie im Sommer wie beschrieben zweimal eingekürzt. Bei alten Spalieren kann der das Wachstum beruhigende Sommerschnitt entfallen.

Bogenspalier schneiden

Spaliere können auch frei stehend erzogen werden. Dann gibt ein Gerüst aus Holz oder Metall die Form vor. Achten Sie darauf, dass die Abstände zwischen den einzelnen Gerüstbögen mindestens 1 m betragen, die Abstände für die quer wachsenden Etagen mindestens 60 cm. Denn zum Schneiden der nach außen wachsenden Fruchttriebe muss man im oberen Bogenbereich durch die einzelnen Segmente greifen können, um an der Außenfläche zu arbeiten. Auf der Oberseite des Bogens wachsen die Pflanzen stärker als an den Seiten, deshalb wird dort pro Sommer dreimal geschnitten, um das Wachstum zu beruhigen

► Obstspaliere als Gestaltungselemente: Seite 152/153

Spaliere können sehr alt werden und vielfältige Gestaltungselemente sein: Neben Wandspalieren gibt es frei stehende Laubenspaliere. Bei wenig Platz wählen Sie Ballerina-Bäume..

Wachstum berücksichtigen

Spaliere können Jahrzehnte alt werden. Eine regelmäßige Erziehung ist die Grundlage dafür, dass die Struktur eines Spaliers auch im Alter noch gut zu erkennen ist. Durch den stufenweisen Aufbau der Haupttriebe entstehen keine kahlen Stellen, die Triebe sind auf ihrer ganzen Länge mit Fruchtholz bewachsen. Die Stärke des Wachstums entscheidet, ob und wie oft Sie im Sommer schneiden müssen. Um das stärkere Wachstum an der Spitze zu bremsen, schneiden Sie im Sommer. Die vergreiste Basis wird im Frühjahr geschnitten, um das Wachstum anzuregen.
Wandspaliere sollten sich mit ihrer Größe in die Architektur von Gebäuden einfügen. Bedenken Sie deshalb frühzeitig den Umfang eines ausgewachsenen Gehölzes.
Auch wenn der Schnitt nur kurzes Fruchtholz erzeugt, erreichen mehrjährige Haupttriebe einschließlich ihrer Fruchttriebe doch einen Durchmesser von 40–60 cm. Wählen Sie ausreichende Abstände zu Fenstern, Fensterläden, Türen und anderen baulichen Elementen, um deren Nutzung nicht zu beeinträchtigen. Die einzelnen Etagen sollten in 60–100 cm Abstand zueinander stehen.
Der Wurzelraum von Spaliergehölzen ist oft begrenzt, deswegen sollte für trockene Perioden die Möglichkeit zur Bewässerung gegeben sein.

Ballerina-Bäume

Ballerina-Bäume wachsen mit einem senkrechten, bis zu 4 m hohen Mitteltrieb, aus dem kurze Seitenverzweigungen entspringen. Sie eignen sich hervorragend für kleine Gärten oder Balkon und Terrasse. Der Schnitt beschränkt sich bei Ballerinas darauf, hin und wieder entstehende Konkurrenztriebe des Mitteltriebs zu entfernen. Die Seitentriebe brauchen keinen Erhaltungsschnitt. Vergreist der Baum nach zehn Jahren, schneiden Sie ihn auf die Hälfte zurück. Von den im nächsten Sommer entstehenden Jungtrieben wählen Sie einen senkrechten als neue Mitte. Stark verzweigtes Fruchtholz lichten Sie wie beim Spalier aus.

► **EXPERTENTIPP** An einer Hauswand tragen Pfirsichspaliere auch in kühlen Regionen Früchte.

Beerenobst

So unterschiedlich das Wachstum der Beerenobstgehölze ist, so verschieden sind ihre Ansprüche an den Schnitt. Himbeere und Brombeere wachsen ähnlich wie ein Ranunkelstrauch (Seite 47), Johannisbeere, Stachelbeere und Heidelbeere wie die Spiräe (Seite 18). Weinrebe und Kiwi sind keine Sträucher, sondern gehören zu den Klettergehölzen. Sie weisen in Wuchs und Schnitt Parallelen zu Blauregen und Trompetenwinde auf. Allen gemeinsam ist, dass sie einen jährlichen Schnitt benötigen.

Pflege von Beerenobst

Beerenobstarten wurzeln flach, mit Ausnahme der Weinrebe. Sie benötigen daher einen Boden, der auch im Sommer feucht ist. Um die Wurzeln nicht zu beschädigen, sollten Sie auf die Bodenpflege mit der Hacke verzichten. Beerensträucher mögen leicht saure Böden. Auf sehr kalkhaltigen Böden sind sie – außer der Stachelbeere – nicht so ertragreich. Rinde als Mulchmaterial säuert den Boden etwas an.

Die Wuchstypen

- Himbeere und Brombeere treiben jedes Jahr unverzweigte Ruten aus der Erde, die bei Brombeeren bis zu 5 m, bei Himbeeren bis zu 3 m lang sind. Im zweiten Jahr erscheinen an diesen Ruten Seitentriebe mit Blüten und Früchten, bereits im dritten Jahr stirbt der Trieb ab.
- Eine Ausnahme bilden im Spätsommer tragende Himbeersorten, die an diesjährigen Trieben fruchten.
- Die Triebe von Johannisbeere und Stachelbeere entwickeln ein Gerüst, diese Triebe können fünf bis sechs Jahre alt werden, vergreisen anschließend aber schnell. Aus dem Boden wachsen jährlich neue Triebe nach, die dazu geeignet sind, die älteren Triebe zu ersetzen. Sind verschieden alte Triebe im Strauch vorhanden, werden immer die ältesten durch Jungtriebe ausgetauscht.
- Die Heidelbeere wächst ebenfalls strauchartig. Der einzelne Trieb kann bis zu zehn Jahre alt werden, bevor er schließlich vergreist und am Boden entfernt wird.
- Weinrebe und Kiwi sind Ranker bzw. Schlinger (Seite 76 ff.). Sie bilden zwar starke Haupttriebe, können sich aber nicht von allein tragen und benötigen ein Gerüst als Kletterhilfe.

BEERENOBST ALS BLICKFANG
Beerenhochstämmchen benötigen nicht viel Platz und sind daher ideale Partner für kleine Gärten.

Erziehungsformen

- Traditionell werden Johannis- und Stachelbeeren als frei wachsende Sträucher erzogen. Doch ab einer sortentypischen Höhe kippen die Triebe. Entweder wird der betreffende Trieb dann auf einen tiefer wachsenden Seitentrieb umgelenkt oder am Boden entfernt. Werden die Triebe aber an einem Drahtgerüst oder einem Pfahl gezogen, können sie höher werden und bleiben länger vital. Eine stark wachsende Rote Johannisbeere kann 2 m Höhe erreichen, eine Stachelbeere 1,5 m.
- Bei Hochstämmchen sind diese Beerenobstarten auf einen Stamm der Goldjohannisbeere (*Ribes aureum*) veredelt. Sie erreichen allerdings nicht das Alter von Sträuchern, denn die Veredlungsstelle bleibt eine Schwachstelle.

Himbeeren müssen regelmäßig geschnitten und gemulcht werden, damit sie nicht vergreisen.

- Obwohl man Himbeeren und Brombeeren meist zu mehreren an Drahtspalieren zieht, lassen sie sich auch als Einzelpflanze kultivieren. Brombeeren können Gerüstbögen mit ihren Ruten beranken, Himbeeren an einem Pfahl hochgezogen werden.
- Heidelbeeren erzieht man meist als Sträucher, kann sie aber auch als Spalier bis zu 2 m Höhe ziehen.
- Weinreben klettern mit einem Haupttrieb an einer Wand oder einer Laube hoch, der Haupttrieb kann 15 m lang werden. Die Seitentriebe werden streng geschnitten. Der Aufbau bleibt übersichtlich, Haupt- und Fruchttriebe lassen sich klar unterscheiden.
- Kiwi sind wie die Weinrebe stark wachsend. Sie sollten aber nicht zur Begrünung großer Flächen verwendet werden, denn im Abstand von einigen Jahren frieren die Haupttriebe immer wieder bis zum Boden zurück.

Die richtige Zeit für den Schnitt

Kiwi und Weinrebe schneiden Sie erst im späten Frühjahr, wenn keine starken Fröste mehr drohen. Dann tritt zwar durch den Saftdruck Flüssigkeit aus den Wunden, man sagt, sie »bluten«. Das schadet aber der Vitalität nicht. Bei beiden Arten kürzen Sie zusätzlich im Sommer diesjährige Triebe ein, um das Triebwachstum zu verringern und die Pflanze übersichtlich zu halten. Genauso werden Weinreben, großfrüchtige Kiwi (*Actinidia chinensis*) und kleinfrüchtige Kiwi (‘Weiki’, *Actinidia arguta*) geschnitten.

Die anderen Beerenarten werden entweder im Frühjahr oder direkt nach der Ernte geschnitten. Der Schnitt nach der Ernte ist für die Pflanze oft verträglicher. Bei Himbeeren und Brombeeren entwickeln sich dadurch weniger Krankheiten an Neutrieben. Bei den übrigen Beerenarten trocknen die Schnittstellen nicht bis in die Haupttriebe zurück, wie es manchmal beim Frühjahrsschnitt passiert. Da beim Schnitt abgetragene Seitentriebe entfernt werden, steht die Kraft des Strauches wieder ungehindert für die Bildung der Blütenknospen an Neutrieben zur Verfügung.

Entscheidender noch als der Zeitpunkt des Schnittes ist jedoch seine Regelmäßigkeit: Schneiden Sie jährlich, sind Ihre Beerenobstarten auch noch nach Jahren vital und gesund.

Johannisbeere und Stachelbeere

KURZINFORMATION

ROTE JOHANNISBEERE

Bestes Fruchtholz sind zweijährige Triebe mit einjährigen Seitentrieben bis 15 cm Länge. An den Spitzen von Gerüsttrieben lässt man einjährige Langtriebe stehen. Rote Johannisbeeren bilden auch an Kurztrieben hochwertige Früchte. Abgetragene Triebe schneidet man auf Zapfen zurück.

SCHWARZE JOHANNISBEERE

Blüht und fruchtet an einjährigen Langtrieben, die man deshalb nicht einkürzt. Am besten als Strauch erziehen.

JOSTABEERE

Fruchtet an einjährigen Langtrieben, der sehr starke Wuchs erfordert etwa 3 m Pflanzabstand.

STACHELBEERE

Bestes Fruchtholz an einjährigen Seitentrieben bis 20 cm Länge. Sehr lange überhängende einjährige Triebe kürzt man ein. Das Fruchtholz der Stachelbeeren vergreist schneller als das der Roten Johannisbeeren. Auf einen standfesten Gerüstaufbau achten. Als Spalier liefert sie bessere Erträge.

Bildung des Fruchtholzes
Rote Johannisbeeren (3) und Stachelbeeren (1) fruchten vor allem an einjährigen Seitentrieben zweijähriger und älterer Triebe. Ziel des Schnittes ist es deshalb, einjährige Fruchttriebe zu fördern. Bei Roten Johannisbeeren sind sie 5–15 cm, bei Stachelbeeren bis 20 cm lang. Auch an kurzen Seitentrieben bilden sich Blüten und Früchte. Solche Stachelbeeren bleiben aber klein und die Trauben der Roten Johannisbeeren kurz. Schwarze Johannisbeeren (2) und Jostabeeren bilden ihre Blüten vor allem an einjährigen Langtrieben ab 20 cm Länge. Um diese zu fördern, schneidet man kräftiger als bei den beiden anderen Arten.

3- bis 4-jährige Rote Johannisbeere
Entfernen Sie zunächst alte, vierjährige Triebe bodeneben, und lassen Sie dafür dieselbe Zahl kräftiger einjähriger Triebe stehen. Die übrigen Einjährigen entfernen Sie. Im Idealfall bleiben zehn bis zwölf Bodentriebe stehen. Lange, instabile zwei- bis dreijährige Triebe lenken Sie auf tiefer stehende Seitentriebe um, die Spitzen verschlanken Sie. Alle bis 30 cm über dem Boden wachsenden Seitentriebe entfernen Sie ganz. Darüber sollten an den Haupttrieben alle 10 cm Seitentriebe wachsen. Dazwischen liegende Triebe entfernen Sie auf 2 cm lange Zapfen. Die aus ihnen wachsenden Neutriebe sind die Fruchttriebe des nächsten Jahres.

Rote Johannisbeeren und Stachelbeeren tragen die meisten Früchte an einjährigen Seitentrieben. Schwarze Johannisbeere und Jostabeere fruchten vor allem an einjährigen Langtrieben.

Rote Johannisbeere verjüngen
Entfernen Sie alle Haupttriebe, die älter als vier Jahre sind, dicht am Boden. Sind kaum Jungtriebe nachgewachsen, wurden früher zu wenige alte Triebe entfernt. Die Triebfarbe wechselt bei Johannisbeeren im Alter von hellbraun zu graubraun; so sind sie gut zu unterscheiden. Lassen Sie drei aus der Erde wachsende einjährige Haupttriebe stehen. Verschlanken Sie die Triebspitzen der Haupttriebe, sehr lange lenken Sie auf tiefer wachsende Seitentriebe um. Dicht stehende Seitentriebe kürzen Sie auf kleine Zapfen ein. Genauso verfahren Sie mit zweijährigen Trieben, die letztes Jahr getragen haben. Einjährige Seitentriebe kürzen Sie nicht ein.

Schnitt bei Schwarzer Johannisbeere und Jostabeere
Triebe, die vier Jahre und älter sind, werden dicht am Boden entfernt. Drei kräftige Jungtriebe belassen Sie als Ersatz, überzählige oder schwache Triebe entfernen Sie. Einjährige Triebe erkennen Sie bei der Schwarzen Johannisbeere an der gelbbraunen Farbe. Zu lange Haupttriebe lenken Sie auf tiefer wachsende Seitentriebe um, die Spitzen werden verschlankt. Einjährige Seitentriebe sollten Sie nicht einkürzen, denn sie tragen die Blütenknospen.
Genauso verfahren Sie mit der Jostabeere, die auch an einjährigen Langtrieben fruchtet. Sie wächst jedoch stärker als die Schwarze Johannisbeere.

Schnitt bei Stachelbeere
Die Erziehung und der Schnitt der Stachelbeere erfolgen nach demselben Prinzip wie bei der Roten Johannisbeere. Stachelbeeren wachsen allerdings deutlich schwächer. Ihre Haupttriebe liegen unter der Last der Früchte oft am Boden auf. Deshalb ist es wichtig, nur die kräftigsten einjährigen Bodentriebe als Ersatz für ältere zu verwenden. An den Haupttrieben bilden sich oft mehr Seitentriebe als bei der Johannisbeere. Lichten Sie diese entsprechend stärker aus. Der Rückschnitt erfolgt ebenfalls auf kleine Zapfen am Haupttrieb. Überlange oder instabile Haupttriebe lenken Sie auf einen tiefer stehenden Seitentrieb um.

► **EXPERTENTIPP** Stroh unter dem Strauch verhindert, dass bodennahe Beeren verschmutzen.

Spindeln und Beerenhochstämmchen

KURZINFORMATION

GRUNDLAGEN FÜR ERZIEHUNG UND SCHNITT VON BEERENHOCHSTÄMMCHEN

Beerenhochstämmchen benötigen zeitlebens einen Stützpfahl. Achten Sie darauf, dass er ausreichend lang ist. Auch die Holzart ist wichtig: Ein Pfahl aus Robinie hält länger als andere Holzarten. Binden Sie den Stamm und die Krone je einmal an. Nicht angebundene Kronen können aufgrund ihres Eigengewichts brechen.

Beerenhochstämmchen können bereits nach der Ernte geschnitten werden. Verletzen Sie dabei nicht die Veredlungsstelle, sie könnte eintrocknen.

Beerenhochstämmchen sind in der Regel nur etwa zehn Jahre lebensfähig, dann stirbt die Krone meist ab.

Stachelbeerspindel: Erziehung
Ziehen Sie einen Bodentrieb an einem 1,8 m hohen Pfahl über vier Jahre etappenweise empor. Diesen Trieb kürzen Sie nicht ein. Weitere Bodentriebe werden jährlich entfernt. Entlang des Mitteltriebs belassen Sie die entstehenden Seitentriebe im Abstand von 10 cm als Fruchttriebe. Alle überzähligen Seitentriebe kürzt man auf kleine, 2 cm lange Zapfen ein, ebenso zweijährige, abgetragene Triebe. So wird die Bildung neuer Fruchttriebe angeregt. Der Mitteltrieb wird nach sechs bis sieben Jahren durch einen neuen Bodentrieb ausgetauscht.

Stachelbeerspindel: Erhaltungsschnitt
Die Zapfen vom Frühjahrsschnitt haben einen oder mehrere einjährige Triebe ausgebildet. Vereinzeln Sie sie, indem Sie die schwächsten Triebe entfernen. Abgetragene, jetzt zweijährige Seitentriebe kürzen Sie auf kleine Zapfen ein. Auch hier sollten die Seitentriebe im Abstand von 10 cm zueinander stehen. Achten Sie darauf, dass genug Licht in den unteren Bereich fällt. Damit die unteren Seitentriebe nicht vergreisen, schneiden Sie sie regelmäßig. Wächst ein kräftiger Jungtrieb nahe der Mitteltriebspitze, schneiden Sie die alte Spitze aus und binden den Jungtrieb als Verlängerung auf.

Beerenhochstämmchen sind die ideale Lösung, wenn man wenig Platz im Garten hat und trotzdem leckere Beerenfrüchte ernten möchte. Sie entwickeln sich auch noch auf kleinstem Raum.

Hochstämmchen bei Roter Johannisbeere und Stachelbeere
Für das Gerüst wählen Sie einen Mitteltrieb und vier gleichmäßig verteilte, flach wachsende Seitentriebe. Diese fünf Gerüsttriebe treiben jährlich an der Spitze aus und entwickeln Seitentriebe. Lenken Sie sie in den folgenden Jahren regelmäßig auf einen tiefer stehenden Seitentrieb um. Die Gerüsttriebe sollten nicht länger als 30 cm werden. Die Seitentriebe werden zu Fruchttrieben. Geschnitten wird im selben Rhythmus wie bei der Stachelbeerspindel. Seitentriebe an den innersten 5 cm des Gerüstes entfernen Sie. Vermeiden Sie Verletzungen an der Veredlungsstelle, die Krone könnte absterben.

Hochstämmchen von Schwarzer Johannisbeere
Bauen Sie das Gerüst aus einem Mitteltrieb und sechs flachen Seitentrieben auf. Diese kürzen Sie im ersten Jahr auf die Hälfte ein. Lenken Sie die Gerüsttriebe jährlich auf einen Seitentrieb um und entfernen Sie zweijährige Seitentriebe auf 2 cm lange Zapfen. Sie können direkt nach der Ernte schneiden. Es wird aber stärker geschnitten als bei der Roten Johannisbeere, denn bei der Schwarzen Johannisbeere sollen einjährige Langtriebe gefördert werden. Damit die Krone unter dem Eigengewicht und dem Gewicht der Früchte nicht ausbricht, muss die Befestigung jährlich kontrolliert werden.

Wildtriebe an Hochstämmchen
Beerenhochstämmchen sind in Kronenhöhe auf die Goldjohannisbeere (*Ribes aureum*) veredelt. Es entwickeln sich daher regelmäßig Wildtriebe. Sie wachsen hauptsächlich aus der Erde, seltener entstehen sie direkt am Stamm. Diese Triebe entziehen dem Stämmchen Kraft und schränken die Nährstoffversorgung der Edelsorte ein. Reißen Sie deshalb Stamm-Wildtriebe in unverholztem Zustand noch im Sommer ab. Boden-Wildtriebe graben Sie bis zur Triebbasis an der Wurzel frei. Noch grüne Triebe werden ausgerissen, bereits verholzte entfernen Sie sorgfältig mit der Schere direkt an der Wurzel.

► **EXPERTENTIPP** Fixieren Sie bei Beerenhochstämmchen unbedingt die Krone.

► Querverweise Veredlungen: Seite 14/15

Himbeere, Brombeere und Heidelbeere

Himbeeren am Pfahl
Himbeeren, die im Frühsommer tragen, treiben lange Triebe und fruchten im zweiten Jahr an deren Seitentrieben. Entfernen Sie nach der Ernte die abgetragenen Ruten, als Ersatz dafür belassen Sie die kräftigsten neuen Triebe. Verwenden Sie zur Erziehung an einem Pfahl jedes Jahr fünf gleichmäßig verteilte Jungtriebe. Daran entwickeln sich im Folgejahr nach außen zeigende Fruchttriebe. Die Erziehung am Pfahl eignet sich besonders für kleine Gärten, in denen für die Drahterziehung kein Platz ist. Mulchen Sie den Boden um den Pfahl in einem 40-cm-Radius, damit keine Konkurrenz durch andere Pflanzen entstehen kann.

Himbeeren am Drahtgerüst
Das Prinzip ist dasselbe wie bei der Pfahlerziehung: Hier binden Sie jedoch alle zehn Zentimeter einen Trieb an drei bis 1.8 m Höhe gespannten Drähten fest. Wählen Sie nur die kräftigsten Triebe aus. Um beim Binden die Ruten nicht zu verletzen, verwenden Sie mit Papier umwickelten Draht oder Weidenruten. Damit alle Kraft in die festgebundenen Ruten fließt, entfernen Sie überzählige Triebe bereits im Sommer. Im kommenden Frühjahr schneiden Sie die Triebe auf 1,8 m zurück. Nach der Ernte werden sie entfernt und neue Jungruten angebunden. Die Erde sollte gut durchlüftet sein. Eine Mulchschicht trägt zur Durchlüftung bei.

Im Herbst tragende Himbeeren
Bekannte Sorten wie 'Autumn Bliss', auch als 'Blissy' im Handel, wachsen und fruchten in einem Jahr. Sie tragen also ihre Früchte an diesjährigen Trieben. Für diese Sorten reicht es aus, wenn sie durch einen auf etwa 1,2 m Höhe gespannten Draht hindurchwachsen. Die Bindearbeit entfällt bei dieser Erziehungsform. Wenn Sie die Triebe bis zum nächsten Frühsommer belassen, bilden sie noch einmal kleinere Mengen Früchte. Um aber die optimale Wuchskraft und Fruchtbildung zu erhalten, werden jedes Frühjahr alle alten Triebe vollständig entfernt. Die nachwachsenden Triebe tragen im selben Herbst hochwertige Früchte.

Beerensträucher können auch am Pfahl oder als Spalier gezogen werden. Und Heidelbeeren können den Boden mit ihren langen Trieben bedecken.

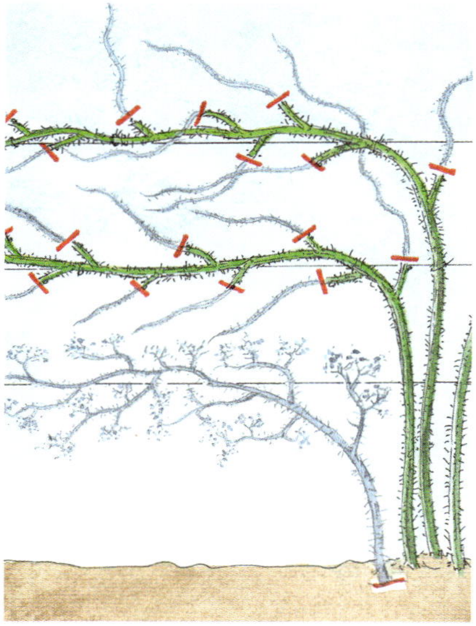

Brombeeren

Brombeeren bilden in einem Jahr bis zu 5 m lange Triebe, an denen sie im nächsten Jahr fruchten. Lassen Sie bei einem Pflanzabstand von 3 m jedes Jahr fünf bis sieben Langtriebe stehen. Sie bilden noch im selben Jahr bis zu 1 m lange Seitentriebe. Im nächsten Frühjahr schneiden Sie kurz vor dem Austrieb die Seitentriebe auf drei Knospen zurück. Dann kürzen Sie die Haupttriebe auf 3 m ein. Würden Sie Lang- und Seitentriebe belassen, würden sich nur kleine Früchte minderer Qualität entwickeln. Nach dem Schnitt werden die Triebe in das 2 m hohe Drahtgerüst eingebunden. Abgeerntete Triebe entfernt man nach der Ernte.

Heidelbeeren

Bei Heidelbeer-Sträuchern bilden lange Bodentriebe die Gerüsttriebe. Das Gerüst besteht aus etwa zehn Bodentrieben, von denen jeder einzelne bis zu zehn Jahren ertragreich bleiben kann. Heidelbeeren tragen ihre Früchte an der Spitze der einjährigen Langtriebe, in späteren Jahren an deren Seitenverzweigungen. Schneiden Sie jedes Jahr einen alten Trieb bodeneben ab und lassen dafür einen einjährigen Trieb im Strauch stehen. Alle restlichen einjährigen entfernen Sie. Die Seitentriebe tragen Früchte. Achten Sie darauf, dass genügend Licht in das Strauchinnere fällt. Lichten Sie deshalb Seitentriebe im oberen Bereich des Strauches stärker aus als im unteren Teil. Im ersten Jahr nach der Pflanzung entfernen Sie die Blüten, damit die Pflanze mehr Energie für die Wurzelbildung zur Verfügung hat und kräftiger wird.
Hochwertige Früchte bekommen Sie, wenn Sie einjährige Seitentriebe an den Gerüsttrieben fördern. Nach einigen Jahren entstehen aber starke Verzweigungen, die nur noch kleine Früchte tragen. Lenken Sie diese Verzweigungen deshalb regelmäßig auf einjährige Seitentriebe um, die nahe am oder direkt aus dem Gerüst wachsen. Nach dem dritten Jahr lenken Sie die Seitentriebe auf einjährige Triebe um (Abb. rechts).

► **EXPERTENTIPP** Heidelbeeren lieben sauren, luftigen, auch im Sommer feuchten Boden.

Weinrebe und Kiwi

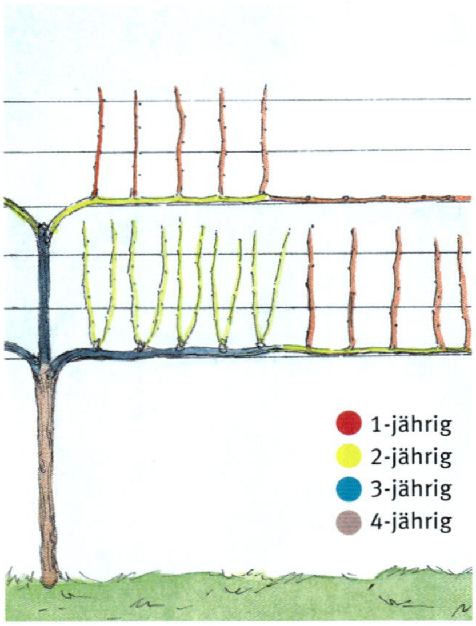

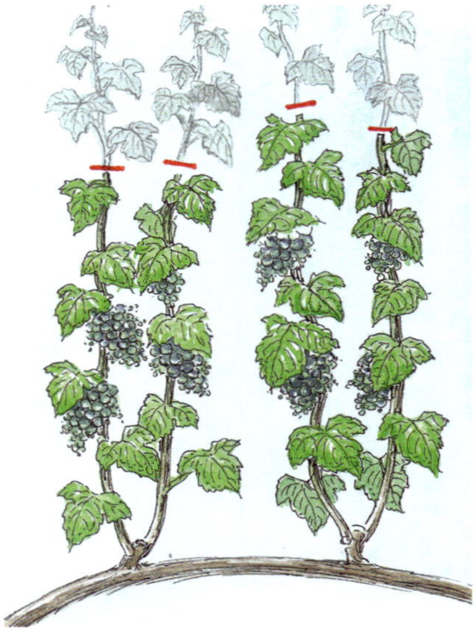

Rebspalier erziehen
Spaliere von Reben führen Sie mit den Hauptästen an Gerüsten aus Metall, Draht oder Holz entlang. Jedes Jahr wird der Haupttrieb um sieben Knospenabschnitte, höchstens jedoch um 1 m verlängert. Werden die Hauptäste in Etagen gezogen, so werden auch die Verzweigungen verlängert. Zwischen zwei Etagen sollte mindestens 60 cm Abstand bestehen. Die bis zu 10 m langen Haupttriebe bleiben mehrere Jahrzehnte am Gerüst und werden nur in Ausnahmen durch Jungtriebe ersetzt. Von den Haupttrieben ausgehende Seitentriebe bilden die Fruchttriebe. Kürzen Sie sie jedes Jahr auf zwei Knospen ein, um das Triebwachstum zu fördern.

Sommerschnitt der Rebe
Im ersten Jahr wächst aus jeder Knospe des Haupttriebs ein Seitentrieb, an dem sich im unteren Triebbereich meist zwei Trauben entwickeln. Bildet der Trieb bis Mitte oder Ende Juli 10–15 Blätter, kürzen Sie ihn auf drei bis vier Blätter über der letzten Traube ein. So fließt im Sommer die Energie der Rebe nicht in übermäßiges Triebwachstum. An den obersten Knospen der Schnittstelle entstehen im August neue Triebe. Brechen Sie sie regelmäßig aus. Bei jüngeren Reben ist einmal Schneiden und zweimal Ausbrechen nötig, bei älteren reicht einmal Schneiden und Ausbrechen. Der Sommerschnitt fördert die Fruchtentwicklung.

Frühjahrsschnitt der Rebe
Im folgenden Frühjahr verlängern Sie die Haupttriebe (siehe Rebspalier). Alle abgetragenen Seitentriebe schneiden Sie auf zwei Knospen zurück. Daraus entwickeln sich zwei neue Seitentriebe mit Trauben. Würden Sie im nächsten Jahr diese beiden Seitentriebe jeweils auf zwei Knospen einkürzen, entstünden immer stärkere Verzweigungen. Deshalb entfernen Sie an mehrjährigen Haupttrieben den äußeren der beiden Seitentriebe ganz und kürzen den zum Haupttrieb wachsenden auf zwei Knospen ein. So wachsen an jeder Seitenverzweigung des Haupttriebs auch nach Jahren nur zwei Fruchttriebe, die schmackhafte, große Trauben liefern.

Die Rebe ist ein stark wachsender Ranker, die Kiwi ein stark wachsender Schlinger. Beide benötigen sowohl einen Frühjahrs- als auch einen Sommerschnitt.

Sommerschnitt bei Kiwi

Eine ausgedehnte Erziehung wie bei der Rebe ist bei der Kiwi nicht zu empfehlen, da die Haupttriebe alle sechs bis acht Jahre erfrieren können. Die Erziehung bei Kiwi basiert auf einem Mitteltrieb mit waagerecht abzweigenden Haupttrieben und fruchtenden Seitentrieben. Die Haupttriebe werden jährlich um 1 m verlängert, die Queretagen stehen in 1 m Abstand. Kiwi fruchten wie die Rebe im unteren Bereich der diesjährigen Seitentriebe. Im Sommer werden die Seitentriebe auf 1 m eingekürzt. Entstehen an den Schnittstellen sofort Neutriebe, werden sie vollständig entfernt. Dadurch bleibt die Pflanze überschaubar.

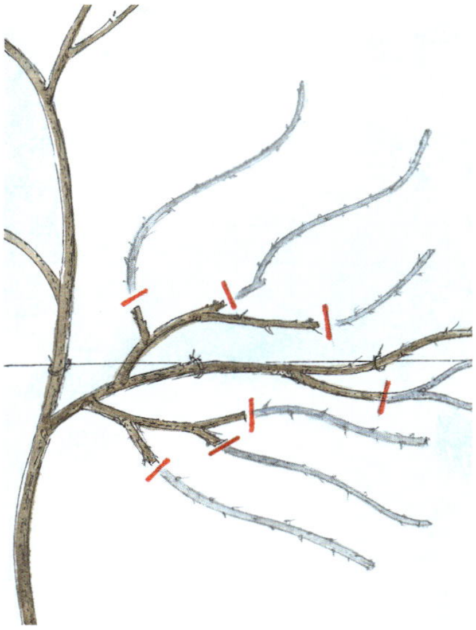

Frühjahrsschnitt bei Kiwi

Im folgenden Frühjahr schneiden Sie die abgetragenen Seitentriebe auf 5 cm lange Zapfen zurück. Nach einigen Jahren belassen Sie Verzweigungen, der Schnitt der Seitentriebe ist weniger streng als bei der Rebe. Allerdings vergreisen die Seitenverzweigungen an der Unterseite der Haupttriebe schneller als auf der Oberseite. Lässt das Wachstum einer älteren Verzweigung merklich nach, lenken Sie diese nahe am Haupttrieb auf einen jüngeren Trieb um. Soll der Haupttrieb weiter verlängert werden, verwenden Sie einen an der alten Haupttriebspitze wachsenden Seitentrieb, kürzen ihn auf 1 m ein und binden ihn an das Gerüst an.

Kiwi verjüngen

Vergreisen die seitlichen Haupttriebe nach fünf bis sieben Jahren, lenken Sie sie vor dem Austrieb im später Frühjahr nahe am Mitteltrieb um. Der Ersatztrieb besteht aus einem kräftigen einjährigen Trieb, den Sie auf 1 m zurückschneiden und an das Gerüst binden. Die Pflanze blutet nach dem Schnitt stark, wird aber so weniger geschädigt, als wenn man sehr früh schneidet. Die im Frühsommer entstehenden Seitentriebe tragen wieder Früchte im unteren Triebbereich. Kürzen Sie sie im Sommer ein (siehe Sommerschnitt). Dies wiederholt man in den folgenden Jahren. Nach Frostschäden wird abgestorbenes Holz entfernt.

► **EXPERTENTIPP** Groß- und kleinfrüchtige Kiwi werden gleich geschnitten.

► **EXPERTENTIPP** Ost- oder Westwände eignen sich besser für Kiwi als heiße Südwände.

Auch Stauden brauchen einen Schnitt, damit eine Rabatte
das ganze Jahr hindurch attraktiv bleibt.

STAUDEN UND KÜBELPFLANZEN

Bei Stauden und Kübelpflanzen sorgt der richtige Schnitt für eine langjährige, üppige Blütenpracht.

Auch Stauden und Kübelpflanzen brauchen einen regelmäßigen Schnitt, damit sie in Form bleiben und um ihre Blütenbildung zu fördern.

Üppige Stauden

Stauden sind Pflanzen mit mehrjährigem Wurzelstock, deren oberirdische Teile aber jährlich nach der Saison ganz oder teilweise absterben. Manchmal kann man sich über die Zuordnung aber auch streiten: Lavendel, Gewürzsalbei u. a. zählen eigentlich zu den sogenannten Halbsträuchern und werden deswegen dort beschrieben (Seite 44/45). Andere wiederum sind halb immergrün, ihre Blätter überleben den Winter, und sie bilden oberirdisch mehrjährige Triebe aus wie Bergenie, Purpurglöckchen und einige Storchschnabel-Arten.

Beim Staudenschnitt werden

- abgestorbene oberirdische Pflanzenteile im Frühjahr entfernt,
- bei wintergrünen Pflanzen ältere, kahle Triebstücke im Frühjahr eingekürzt, um einen kompakten Neuaustrieb zu erhalten,
- einzelne Blüten oder Samenstände im Sommer ausgeschnitten, um die Bildung neuer Blüten zu fördern,
- ganze Pflanzen im Sommer zurückgeschnitten, um eine neue Blütenbildung oder die Regeneration der Pflanze zu unterstützen.

Reich blühende Kübelpflanzen

So vielfältig Kübelpflanzen sind, so einfach ist der Schnitt. Für die meisten Kübelpflanzen gilt, dass sie den Sommer hindurch an diesjährigen Trieben blühen. Um ihre Blühfreude zu erhalten, ist ein kräftiger, jährlicher Schnitt nötig. Hell stehende Kübelpflanzen können Sie ab Ende Januar schneiden, dunkel stehende erst vier Wochen vor dem Ausräumen.

Kübelpflanzen schneiden Sie, um:

- die Bildung junger Triebe und damit vieler Blüten zu fördern,
- abgestorbene Triebe und verwelkte Blütenstände zu entfernen,
- kranke Triebe zu entfernen,
- zu große Pflanzen zu verkleinern,
- verkahlte Pflanzen zu kompaktem Wuchs anzuregen.

Stauden

SCHNITT VON STAUDEN

Rückschnitt nach der Blüte zur Revitalisierung	
Akelei	*Aquilegia vulgaris*-Sorten
Frauenmantel	*Alchemilla*-Arten
Gamander	*Teucrium × lucidrys*
Lungenkraut	*Pulmonaria*-Arten
Schleifenblume	*Iberis*-Arten und -Sorten
Staudenmohn	*Papaver orientale*-Sorten
Storchschnabel	*Geranium endressii*
Rückschnitt vor Juli für kompakten Wuchs	
Herbstastern	*Aster*-Arten und -Sorten
Herbstchrysanthemen	*Dendranthema (Chrysanthemum) indicum*-Sorten
Fetthenne	*Sedum telephium*-Sorten
Zweite Blüte durch Rückschnitt fördern	
Hainsalbei	*Salvia nemorosa*-Sorten
Katzenminze	*Nepeta*-Arten und -Sorten
Mädchenauge	*Coreopsis grandiflora*
Samenstände für Zweitblüte ausschneiden	
Duftnessel	*Agastache*-Arten
Fingerhut	*Digitalis*-Arten
Flammenblume, Phlox	*Phlox maculata*-Hybriden, *P. paniculata*-Hybriden
Leinkraut	*Linaria purpurea*
Rittersporn	*Delphinium*-Arten
Schafgarbe	*Achillea millefolium*
Rückschnitt wintergrüner Stauden im Frühjahr	
Bergenie	*Bergenia*-Sorten
Purpurglöckchen	*Heuchera micrantha*
Storchschnabel	*Geranium macrorrhizum*, *G. cantabrigiense*-Sorten
Kein Rückschnitt	
Blauschwingel-Gräser	*Festuca cinerea*-Sorten
Hainsimse	*Luzula nivea*

Alle übrigen Stauden schneidet man im Frühjahr

Abgestorbenes entfernen
Die meisten Stauden sterben im Herbst und Winter oberirdisch ab. Wenn Sie die abgestorbenen Triebe den Winter über stehen lassen, schmücken sie nicht nur den winterlichen Garten, sondern schützen auch ihre schon angelegten Triebknospen. Im Frühjahr sind diese dann deutlich zu erkennen. Nun ist es Zeit, die alten Triebe bodennah abzuschneiden. Beschädigen Sie keine jungen Triebe. Gräser schneiden Sie nur auf 10 cm zurück, so bleibt die grüne Basis unbeschädigt. Blauschwingel und ähnliche wintergrüne Arten rupfen Sie nur aus, denn zurückgeschnittene Pflanzen dieser Gruppe treiben nur sehr zögerlich aus.

Rückschnitt zur Revitalisierung
Einige Stauden wie Frauenmantel (Abb.), Storchschnabel und andere Frühsommerblüher werden nach der Blüte oft unansehnlich, zugleich versamen sie sich sehr stark. Bei ihnen fördert ein massiver Rückschnitt direkt nach der Blüte einen kräftigen Neuaustrieb. Achten Sie beim Schnitt darauf, die Herzen an der Pflanzenbasis nicht zu verletzen. Anschließend sollten Sie die nun ungeschützte Erde feucht halten und mulchen. Bis zum Herbst bilden sich neue attraktive Blattschöpfe, außerdem verhindern Sie so, dass sich die Pflanze zu stark aussät. Der Rückschnitt im Frühjahr wird wie bei anderen Stauden durchgeführt.

Stauden gehören zu den dekorativsten Gartenpflanzen. Bei einigen kann man die Blüte verlängern, indem man sie im Sommer nach der Blüte zurückschneidet oder die Samenstände entfernt.

Rückschnitt für kompakten Wuchs

Herbstastern (Abb.) und Herbstchrysanthemen blühen, wie der Name bereits sagt, im Herbst. Im Sommer bilden sie lange Triebe, die sich ab Mitte Juli stärker verzweigen und die Blütenknospen ausbilden. Wenn Sie diese Pflanzen bis Ende Juni ein- bis zweimal je um die Hälfte einkürzen, wachsen sie kompakter. Beim zweiten Mal kürzen Sie die Hälfte des Neuzuwachses nach dem ersten Schnitt ein. Die Pflanzen verzweigen sich so stärker und bleiben standfest, ohne die Blüten zu verlieren. Astern und Chrysanthemen schneidet man bis Ende Juni. Schneidet man später, entfernt man die schon gebildeten Blütenknospen.

Zweite Blüte durch Rückschnitt fördern

Es sind nicht viele Stauden, die durch einen Rückschnitt der ganzen Pflanze nach der ersten Blüte zuverlässig ein zweites Mal blühen. Katzenminze (Abb.) und Hainsalbei etwa blühen im Frühsommer und Frühherbst. Ohne Schnitt fällt die zweite Blüte, auch Nachblüte genannt, schwach aus. Die Blüten verlieren sich dabei zwischen unansehnlichen, verdorrten Samenständen. Hainsalbei schneidet man deshalb nach der Erstblüte bis auf gut erkennbare Blattrosetten zurück. Katzenminze kürzt man bodennah ein. Gießen Sie nach dem Schnitt, um einen zügigen Neuaustrieb sicherzustellen.

Samenstände für Zweitblüte ausschneiden

Rittersporn (Abb.) blüht willig ein zweites Mal, wenn Sie die Samenstände entfernen. Dazu schneiden Sie entweder den ganzen Trieb samt Samenstand bodennah ab. Das führt zum Austrieb langer Blütenstiele im Herbst. Oder Sie nehmen den Samenstand nur bis zum nächsten Blatt weg. Dann erscheinen in den nächsten Wochen in den verbliebenen Blattachseln kleinere Blütentriebe. Schafgarbe kann den Sommer über zum Dauerblüher werden, wenn verblühte Dolden kontinuierlich entfernt werden.

Kübelpflanzen

SCHNITT VON KÜBELPFLANZEN

Lediglich bei Bedarf auslichten	
Brautmyrte	*Myrtus communis*
Bitterorange	*Poncirus trifoliata*
Brasilianische Guave, Feijoa	*Acca sellowiana*
Erdbeerbaum	*Arbutus unedo*
Eukalyptus	*Eucalyptus*-Arten
Granatapfel	*Punica granatum*
Kakipflaume, Persimone	*Diospyros kaki*
Kamelie	*Camellia*-Sorten
Klebsame	*Pittosporum*-Arten
Olive	*Olea europaea*
Orangenblume	*Choisya ternata*-Sorten
Wollmispel, Loquat	*Eriobotrya japonica*
Zylinderputzer	*Callistemon*-Arten
Zistrosen	*Cistus*-Arten und -Sorten
Starker Rückschnitt auf das Gerüst	
Bleiwurz	*Plumbago auriculata* und -Sorten
Bougainvillea	*Bougainvillea*-Hybriden
Engelstrompete	*Datura*-Arten
Geranie	*Pelargonium*-Sorten
Gewürzrinde	*Cassia*-Arten
Hammerstrauch	*Cestrum*-Arten
Jasmin	*Jasminum officinale*
Kap-Geißblatt	*Tecomaria capensis*
Korallenstrauch	*Erythrina crista-galli*
Kreppmyrte	*Lagerstroemia indica*
Passionsblume	*Passiflora*-Arten
Roseneibisch, Hibiskus	*Hibiscus rosa-sinensis*
Schlingender Nachtschatten	*Solanum jasminoides*
Schönmalve	*Abutilon*-Hybriden
Veilchenstrauch	*Iochroma cyaneum*
Wandelröschen	*Lantana*-Sorten

Oleander
Nerium oleander-Sorten

Oleander trägt seine Blüten an den Spitzen ein- und diesjähriger Triebe. Die Blütenstände überwintern zum Teil mit noch vorhandenen Knospen und bilden die erste Blüte im Frühsommer. Die Hochsommerblüte entsteht an jungen Langtrieben, deren Blütenstände mit den neuen Knospen überwintern. Entfernen Sie im Frühjahr keine Blütenstände mit vitalen Knospen. Überlange, kahle Triebe schneiden Sie bodennah auf 5 cm lange Zapfen zurück. Einzelne Triebe oben im Strauch kürzt man in halber Strauchhöhe auf Zapfen ein. Entfernen Sie maximal ein Viertel des Strauches.

Enzianstrauch
Solanum rantonnetii

Der Enzianstrauch blüht ausschließlich an diesjährigen Kurztrieben. An Langtrieben hingegen stellen sich erst Blüten ein, wenn sie im Hochsommer beginnen, sich zu verzweigen. Bei einem Gerüst mit fünf bis sieben Trieben schneiden Sie die Pflanze im Frühjahr auf ein Viertel ihrer Größe zurück. Die Seitentriebe der Gerüsttriebe kürzen Sie auf 2 cm lange Zapfen ein. Haben die Neutriebe eine Länge von 10 cm erreicht, kürzen Sie diese noch einmal auf 5 cm ein. So fördern Sie die für die reiche Blütenbildung wichtigen Verzweigungen und Kurztriebe. Dieser Strauch braucht viel Licht und Sonne.

Diese Kübelpflanzen müssen bei uns im Haus überwintern. Damit sie im Frühjahr wieder austreiben und reichlich Blüten bilden, schneidet man sie Jahr für Jahr.

Feige
***Ficus carica*-Sorten**

Feigen fruchten zuerst an einjährigen Trieben, zum zweiten Mal an diesjährigen. Die zweite Generation reift in mediterranen Ländern im nächsten Frühjahr. Bei uns reift nur die erste Generation zuverlässig aus. Feigen erziehen Sie mit einem Gerüst aus vier bis sieben Haupttrieben. Aus ihnen wachsende einjährige Seitentriebe kürzen Sie nicht ein, sie fruchten. Im zweiten Jahr bilden sie Verzweigungen, die Sie im Frühjahr auf kleine Zapfen zurückschneiden. Im dritten Jahr (Abb.) lenken Sie die Triebe nahe am Hauptast auf einen einjährigen Trieb um. Diesen kürzen Sie im ersten Jahr nicht ein.

Zitronen und Orangen
***Citrus*-Arten und -Sorten**

Die meisten *Citrus*-Arten blühen nur einmal jährlich im Frühjahr. Zitronen dagegen blühen und fruchten das ganze Jahr hindurch. Die Früchte bleiben sehr lange am Strauch hängen. Das Gerüst einer *Citrus*-Pflanze im Topf besteht aus einem Mitteltrieb und vier bis fünf Seitentrieben. Lichten Sie die Gerüsttriebe Anfang März aus, indem Sie überlange, instabile, aber auch schwache Seitentriebe auf 2 cm lange Zapfen einkürzen. Kräftige, kompakte Seitentriebe schneiden Sie nicht. *Citrus*-Pflanzen sind meist veredelt. Eventuelle Wildtriebe unterhalb der Veredlungsstelle entfernen Sie.

Fuchsien
***Fuchsia*-Hybriden**

Fuchsien blühen an diesjährigen Langtrieben. Der Schnitt soll deshalb das Wachstum anregen. Jüngere Fuchsien schneiden Sie im Frühjahr auf ein Viertel ihrer Größe zurück. Aus den geschnittenen Trieben entwickelt sich nach ein paar Jahren ein Gerüst. Bei älteren Fuchsien schneidet man im Frühjahr die einjährigen Triebe am Gerüst auf Zapfen mit zwei Knospenpaaren zurück. Zeigt das schwache Wachstum einjähriger Triebe, dass ein Gerüsttrieb vergreist, wird er bodennah auf Zapfen gekürzt. Dieser trocknet zwar ein, oft treibt aber darunter ein Jungtrieb aus.

DURCH SCHNITT GESTALTEN

/

Säuleneiben prägen diesen Garten. Sie kommen ohne regelmäßigen Schnitt aus, nur die Spitzen sind verschlankt.

BLICKFÄNGE SCHAFFEN

Solitärpflanzen oder in Reihen gesetzte Pflanzen werden durch den Schnitt in Form gebracht und geben dem Garten eine individuelle Note.

Einzelne Großsträucher oder Bäume können Gebäude mit dem Garten verbinden oder selbst zum Mittelpunkt werden. Wählen Sie immer Pflanzen, die zur Größe Ihres Gartens passen. Eine klare Gestaltung, vielleicht auch ein konkretes Thema, kann sich wie ein roter Faden durch den Garten ziehen. Der richtige Schnitt sorgt dafür, dass die gewünschte Stimmung, bestimmte Formen oder Proportionen lange Zeit erhalten bleiben.

Individualisten

Einige Sträucher bilden ein langlebiges Gerüst (Seite 50/51). Sie erreichen erst mit zunehmendem Alter ihre volle Schönheit und setzen markante Blickfänge. Das können Formschnittgehölze sein, die den Garten auf unnachahmliche Weise prägen. Sie brauchen einen regelmäßigen Schnitt, damit sie in Form bleiben. Aber auch Sträucher wie manche Ahorn-Arten oder bestimmte Hartriegel entwickeln im Alter eine unverwechselbare Gestalt. Diese wird mithilfe eines behutsamen Schnittes bewahrt oder gefördert.

Kleinkronige Bäume

Perfekt für kleine Gärten, Vorgärten und Eingänge sind klein bleibende Bäume. Ihre Erziehung in der Baumschule dauert in der Regel länger. Dieser größere Aufwand rechtfertigt den höheren Preis. Dafür bekommen Sie aber einen Baum, der auch nach Jahren nicht über die zugedachte Größe hinauswächst. Der Stamm sollte mindestens 2 m hoch sein, damit Sie ohne Probleme darunter durchgehen können. Besonders schön wirkt es, wenn eine Krone über den Weg wächst und zu einer Art Torbogen wird.

Südliche Stimmungen

Zwar sind viele Pflanzen aus dem Mittelmeerraum bei uns nicht winterhart und nur als Kübelpflanzen zu halten. Als Ersatz gibt es jedoch Pflanzen, die zwar nicht südländisch sind, aber durchaus den Eindruck einer Olive oder Säulenzypresse vermitteln. Solche Pflanzen verleihen einer Gartenecke, einem Beet an der Terrasse oder einem kleinen Innenhof eine mediterrane Stimmung.

Sträucher als Individualisten

GEHÖLZE MIT CHARAKTER

Name	Schnitt	Höhe in m
Buchsbaum *Buxus sempervirens* var. *arborescens*	Bodentriebe vereinzeln, Triebspitzen verschlanken	bis 4
Blumen-Hartriegel *Cornus florida*, *C. kausa*	kaum Schnitt nötig	bis 5
Jap. Zaubernuss *Hamamelis japonica*	kaum Schnitt nötig	bis 4
Jap. Ahorn *Acer japonicum* 'Aconitifolium'	wenn Schnitt nötig, dann nur im Sommer	bis 4
Jap. Etagenschneeball *Viburnum plicatum* 'Mariesii'	kaum Schnitt nötig, Spitzen auslichten	bis 3
Judasbaum *Cercis siliquastrum*	blüht auch an alten Trieben, Triebspitzen verschlanken	bis 5
Korkenzieherhasel *Corylus avellana* 'Contorta'	wenn nötig, Wildtriebe aus der Wurzel entfernen	bis 4
Mehlbeere *Sorbus aria*	wenn nötig, auslichten	bis 10
Pfeifenstrauch *Philadelphus* 'Belle Etoile'	regelmäßig auslichten und verschlanken	bis 2
Portugiesische Lorbeerkirsche *Prunus lusitanica*	kaum Schnitt nötig	bis 5
Rotblättr. Holunder *Sambucus nigra* 'Black Beauty'	mit drei bis fünf Gerüsttrieben erziehen	bis 5
Rotblättriger Perückenstrauch *Cotinus coggygria* 'Royal Purple'	kaum Schnitt nötig	bis 4
Samt-Hortensie *Hydrangea sargentiana*	bei Verkahlen Triebe umlenken	bis 3
Schneeglöckchenbaum *Halesia carolina*	nur auslichten	bis 6
Strauchrose *Rosa moyesii*	alle drei Jahre auslichten	bis 3
Strauch-Rosskastanie *Aesculus parviflora*	eventuell im Sommer auslichten	bis 4
Zierapfel *Malus* 'Wintergold'	in den ersten Jahren auslichten	bis 5

Formschnitt im japanischen Stil
Für diesen Formschnitt werden bis zu 3 m hohe Sträucher wie Wacholder, Eiben, Buchs oder Liguster mit drei bis sieben unterschiedlich langen Gerüsttrieben erzogen. Die Verzweigungen an deren Enden schneidet man kugelig oder eiförmig in Form. Diese Gehölze entfalten ihre volle Wirkung vor allem in Gärten mit fernöstlichem Flair. Erziehen Sie die Gerüsttriebe auf die gewünschte Höhe und kürzen Sie anschließend die entstehenden Seitentriebe regelmäßig ein. Am Gerüst wachsende Neutriebe entfernen Sie ganz. Schneiden Sie zwei- bis dreimal pro Jahr, damit die Form des Gehölzes klar erkennbar bleibt.

Pagodenhartriegel
Cornus controversa
Pagodenhartriegel wird im Alter bis zu 6 m hoch, ebenso die reizvolle Sorte 'Variegata' (Abb.) mit weiß gerandeten Blättern. Er entwickelt mehrere Bodentriebe, deren Seitentriebe klar erkennbare, flache Etagen bilden. Ein regelmäßiger Schnitt ist nicht nötig. Verschlanken Sie nur die Mitte, wenn die gewünschte Größe erreicht ist. Sollten im Lauf der Zeit die Seitentriebe so dicht werden, dass die einzelnen Etagen nicht mehr zu erkennen sind, entfernen Sie einen Kranz von Seitentrieben auf gleicher Höhe. Die Pagodenform wird so stärker betont. Schneiden Sie am besten im Sommer.

▶ **EXPERTENTIPP** Unter schirmartig wachsenden Sträuchern gedeihen Schattenstauden.

Sträucher, die ein über Jahre stabiles Gerüst bilden, werden mit zunehmendem Alter immer schöner und entwickeln sich zu charaktervollen Gehölzen.

Korkspindelstrauch
Euonymus alatus
Die Rinde des Korkspindelstrauchs besitzt außergewöhnliche korkige Leisten. Zusätzlich leuchtet sein Laub im Herbst feuerrot. Er wächst langsam und bildet im Alter breit ausladende, bis zu 3 m hohe und breite Sträucher. Pflanzen Sie das Gehölz deshalb mindestens im Abstand von 1 m zum Weg oder zur Terrasse. Achten Sie bei der Erziehung darauf, dass der Strauch nur fünf bodennahe Gerüsttriebe hat, sonst verkahlt die Basis nach einigen Jahren. Entwickeln sich im Alter dichte Besen, lichten Sie diese im Frühjahr leicht aus, damit wieder Licht in das Strauchinnere gelangt (Seite 50, Spindelbaum).

Eichenblättrige Hortensie
Hydrangea quercifolia
Eichenblättrige Hortensien benötigen wie alle Hortensien einen halbschattigen Standort. Die Blätter ähneln Eichenblättern. Sie verfärben sich im Herbst orange und dann tiefrot. Im Weinbauklima bleiben sie fast den ganzen Winter am Strauch. Im Frühsommer entwickeln sich an den einjährigen Triebspitzen weiße Blütenrispen. Die Gerüsttriebe bleiben über Jahre vital. Sie werden im Frühjahr erst dann nah am Boden entfernt, wenn die Blühkraft nachlässt. Kürzen Sie die Triebe nicht ein, sonst entfernen Sie die Blütenanlagen, die bereits im Vorjahr angelegt wurden (Seite 50, Strauchhortensien).

Richtige Umgebung für Solisten
Wachsen begleitende Stauden zu hoch, verkahlt die Gehölzbasis. Verwenden Sie deswegen in der Nachbarschaft niedere Gehölze oder Stauden, die maximal halb so groß wie der Strauch in der Mitte werden. Auch wenige straff wachsende Gräser sind eine gute Ergänzung. Sie können einen Solisten aber auch mit niedrigen, im Frühjahr blühenden Zwiebelblumen unterpflanzen. Diese kommen mit der Blüte zur Geltung, bevor die nachfolgenden Stauden ihren Platz einnehmen. Handelt es sich bei dem Solisten um einen Blütenstrauch, können farblich abgestimmte Begleitpflanzen die Wirkung der Blüte noch steigern.

► Schnitt von Sträuchern mit langlebigem Gerüst: Seite 50/51

Kleinkronige Bäume für kleine Gärten

BÄUME FÜR KLEINE GÄRTEN

Name	Schnitt	Höhe in m
Adlerschwingen-Eibe *Taxus baccata*	auslichten möglich	bis 7
Apfeldorn *Crataegus* 'Carrierei'	nur auslichten	bis 6
Blasenbaum *Koelreuteria paniculata*	nur auslichten	bis 7
Blumen-Esche *Fraxinus ornus*	lediglich auslichten, kaum Schnitt nötig	bis 8
Chinesische Wildbirne *Pyrus calleryana* 'Chanticleer'	nur auslichten, regelmäßiger Schnitt nicht nötig	bis 10
Hängezierkirsche *Prunus subhirtella* 'Pendula'	bei Bedarf im Sommer auslichten	bis 4
Herbstbl. Zierkirsche *Prunus subhirtella* 'Autumnalis'	zum Teil im Herbst auslichten, vergreistes Holz entfernen	bis 5
Judasbaum *Cercis siliquastrum*	Triebspitzen verschlanken	bis 5
Mehlbeere *Sorbus aria* in Sorten	wenn nötig, auslichten	bis 10
Pflaumenblättriger Weißdorn *Crataegus × prunifolia*	kaum Schnitt nötig	bis 6
Stechpalme *Ilex aquifolium*'	kaum Schnitt nötig	bis 6
Thüringer Mehlbeere *Sorbus × thuringiaca* 'Fastigiata'	kaum Schnitt nötig	bis 6

Felsenbirne: Hochstamm *Amelanchier*

Die Felsenbirne begegnet uns meist als Strauch. Es gibt jedoch auch Hochstämme, die auf die Eberesche (*Sorbus aucuparia*) veredelt sind. Sie bilden eine kleine Krone mit lockerem Aufbau. Sie erreichen auch nach Jahren nicht mehr als 5 m Höhe. Bauen Sie das Gerüst der Felsenbirne aus einem Mitteltrieb und vier Seitentrieben auf. Später lenken Sie alle zwei Jahre im Frühjahr nach der Blüte vergreiste Seitentriebe auf Jungtriebe um und entfernen Wildtriebe am Stamm. Die Felsenbirne besticht durch weiße Blüten im Frühjahr, essbare Früchte im Sommer und orange gefärbte Blätter im Herbst.

Kornelkirsche: Hochstamm *Cornus mas*

Kornelkirschen bilden als Strauch sowie als Baum ein stabiles Gerüst. Die Erziehung zum Hochstamm dauert einige Jahre und erfolgt meist schon in der Baumschule. Nach der Pflanzung vergehen etwa zwei Jahre, bis der Baum eingewurzelt ist und wächst. Er wächst langsam, besticht durch seine frühe Blüte und essbaren Früchte. Erziehen Sie im Frühjahr nach der Blüte das Gerüst aus einem Mitteltrieb und vier seitlichen Trieben. Diese kürzt man nicht ein. Schneiden Sie quer wachsende Triebe und Konkurrenztriebe des Gerüstes ganz heraus. Die Triebspitzen verschlanken Sie bei Bedarf.

Bäume, die von Natur aus eher strauchartig wachsen, lassen sich mit etwas Geduld zu kleinkronigen Bäumen erziehen und werden so zu einem attraktiven Blickfang.

Zierapfel: Hochstamm
***Malus*-Arten und -Sorten**
Zieräpfel sind sehr vielfältig. Achten Sie bei der Auswahl auf Sorten, die robust gegen Schorfpilz sind. Bei einigen Sorten bleiben die Früchte bis in den Winter hinein am Baum. In den ersten Jahren nach der Pflanzung entfernen Sie am Stamm und an der Basis wachsende Seitentriebe. Das Kronengerüst baut sich aus einem Mitteltrieb und vier Seitentrieben auf. Entfernen Sie im Frühjahr überzählige, starke Triebe am Mitteltrieb, und schneiden Sie die Triebspitzen immer wieder schlank. Vergreist der Baum nach etwa zehn Jahren, lenken Sie sich senkende Triebspitzen auf Jungtriebe um.

Mahagoni-Kirsche: Hochstamm
Prunus serrula
Die Mahagoni-Kirsche besticht durch ihre glänzende, rotbraune Rinde. Sie eignet sich eher für feuchte, neutrale bis kalkhaltige Böden. Das Gerüst baut sich ähnlich auf wie beim Zierapfel oder bei der Kornelkirsche. Achten Sie aber darauf, überzählige und steile Triebe zu entfernen, die eine Konkurrenz zu den Gerüsttrieben bilden. Kürzen Sie im Frühjahr die Gerüsttriebe nicht ein, sondern verschlanken Sie sie nur. Ein regelmäßiger Schnitt nach der Erziehung ist nicht nötig. Algenbeläge am Stamm reiben Sie mit einem feuchten Tuch ab. Dadurch kommt die Rinde wieder schön zur Geltung.

Kugel-Kirsche: Hochstamm
***Prunus fruticosa* 'Globosa'**
Die Kugel-Kirsche wirkt wie ein Formgehölz. Sie fügt sich besonders gut in formal gestaltete Gärten ein. Als Paar oder Trio können Kugel-Kirschen jedoch sehr wohl ein eigenständiges formales Element in Ihrem Garten oder im Eingangsbereich bilden. Ein Schnitt ist kaum nötig. Wird die Krone jedoch sehr dicht, lichten Sie einige Triebe im Kroneninneren aus. Kürzen Sie aber nie die ganze Krone ein oder behandeln Sie das Gehölz gar wie eine Kopfweide! Führen Sie nötige Schnittmaßnahmen immer im Sommer durch. Gleiches gilt für andere kugelkronige Bäume.

► Pflege von Bäumen: Seite 60 f.

Edle Pflanzen für mediterrane und formale Gärten

FÜR MEDITERRANE UND FORMALE GÄRTEN

Name	Schnitt	Höhe in m
Blauer Zypressen-Wacholder *Juniperus virginiana* 'Skyrocket'	bei Bedarf Gehölzspitze auslichten	bis 8
Blauraute *Perovskia abrotanoides*	Halbstrauch, Schnitt siehe Seite 44, Bartblume	bis 1
Blauregen, Glyzine *Wisteria*	Klettergehölz, Schnitt und Pflege siehe Seite 83	bis 8
Buschklee *Lespedeza thunbergii*	Schnitt wie Halbsträucher, da frostgefährdet, siehe Seite 44, Bartblume	bis 1
Garten-Eibisch *Hibiscus syriacus*-Sorten	Schnitt regelmäßig erforderlich, siehe Seite 45, Hibiskus	bis 2
Ölweide *Elaeagnus angustifolia*	ältere Triebe auslichten	bis 6
Portugiesische Lorbeerkirsche *Prunus lusitanica*	Schnitt kaum nötig	bis 4
Purpurrebe *Vitis coignetiae*	Schnitt siehe Seite 85	bis 8
Quitte *Cydonia oblonga*	Schnitt siehe Seite 105	bis 6
Strauchpfingstrose *Paeonia suffruticosa*-Sorten	nur vergreiste Triebe auslichten	bis 1,5
Trompetenwinde *Campsis*	Schnitt siehe Seite 82	bis 8
Weinrebe *Vitis*-Sorten	Schnitt siehe Seite 128	bis 8
Wintergrüne Eiche *Quercus × turneri* 'Pseudoturneri'	Schnitt kaum nötig	bis 7
Wintergrüne Ölweide *Elaeagnus × ebbinge*	Schnitt kaum nötig	bis 3

Lavendel
***Lavandula*-Arten und -Sorten**

Lavendel vermittelt Provence-Stimmung. Die Pflanze benötigt für gesundes Wachstum wasserdurchlässigen, mageren Boden. Schneiden Sie am Lavendel nach der Blüte die Samenstände aus, und bringen Sie ihn dabei in leicht halbkugelige Form. Im folgenden Spätfrühjahr schneiden Sie die Pflanze halbkugelförmig auf 10 cm zurück. Der Lavendel treibt anschließend bereitwillig aus der Basis aus und wird im Sommer reichlich blühen. So geformte Lavendelsträucher eignen sich gut als Weg- und Beetbegrenzung und passen z. B. sehr gut zu Stachelnüsschen (*Acaena*).

► Schnitt von Lavendel: Seite 44

Weidenblättrige Birne
Pyrus salicifolia

Das Laub der Weidenblättrigen Birne ähnelt dem der Olive, die Pflanze ist aber ausgesprochen winterhart. Sie passt gut neben eine Terrasse, wirkt aber auch sehr schön in einem mediterranen Beet. Die Weidenblättrige Birne wächst überhängend, wird im Alter etwa 6 m hoch und bildet ein Gerüst aus vier bis sechs Trieben ohne erkennbare Mitte. Entfernen Sie regelmäßig Wildtriebe am Stamm und aus dem Boden. Überhängende Triebe, die sich besenartig verzweigen, lenken Sie im Frühjahr auf flach nach außen wachsende Jungtriebe um. Die Gerüsttriebe verschlanken Sie alle drei bis vier Jahre.

Diese Pflanzen verleihen Ihrem Garten mediterrane oder formale Stimmung. Ihr Vorteil gegenüber »echten« südländischen Pflanzen: Sie sind zuverlässig winterhart.

Säulen aus Eiben oder Wacholder *Taxus baccata* 'Fastigiata', *Juniperus communis* 'Hibernica', 'Compressa'

Zypressen mit ihrer typischen Säulenform sind in unseren Breiten nur in Gegenden mit Weinbauklima winterhart. Säuleneiben-Sorten oder Säulenwacholder bieten Ersatz. Allerdings wachsen sie nicht so schlank wie die Zypresse. Achten Sie beim Schnitt darauf, die Gehölzspitze schlank zu halten. Schneiden Sie die äußeren Gerüsttriebe kürzer als die mittleren, dadurch werden sie kräftig und kippen im Alter nicht nach außen. Ein stufiger Rückschnitt der äußeren Triebe auf unterschiedliche Höhen lässt den Wuchs natürlicher wirken.

► Schnitt von Eibe: Seite 64,
Schnitt von Wacholder: Seite 58

Formen aus Buchs *Buxus*

Buchs lässt sich in (fast) jede Form schneiden. Für Formen ab 50 cm Höhe verwenden Sie den stark wachsenden Buchs (*Buxus sempervirens* var. *arborescens*), für Einfassungen oder kleine Formen schwach wachsende Sorten (*B. s.* 'Suffruticosa', *B. s.* 'Blauer Heinz'). Formen aus Buchs schaffen Blickpunkte und geben dem Garten Struktur. Besonders gut zur Geltung kommen ihre klaren Formen, wenn sie im Kontrast zu locker wachsenden Stauden stehen. Beachten Sie, dass schwach wachsende Sorten gegenüber Pilzkrankheiten empfindlicher sind.

► Schnitt von Buchs: Seite 57

Reihen aus Heiligenkraut *Santolina chamaecyparissus*

Heiligenkraut besitzt grau-wolliges Laub und gelbe Blüten. Es wächst kompakter als Lavendel und ist deshalb sehr gut für formale Strukturen und z. B. als Wegbegrenzung geeignet. In kalten Gebieten ist jedoch unbedingt ein Winterschutz aus Tannenreisig zu empfehlen. Reihen aus Heiligenkraut dienen dazu, Wege einzurahmen und zu betonen. Die wiederholten, gleichartigen Formen verlängern einen Garten optisch und geben ihm Tiefe.

► Schnitt von Heiligenkraut: Seite 44

Hohe Hecken grenzen den Garten nach außen ab, halb-
hohe gliedern ihn, ohne dass er dadurch kleiner wirkt.

GÄRTEN GLIEDERN

Mit dem richtigen Schnitt werden an Pergolen, Bögen oder Rankgerüsten gezogene Pflanzen zu Raumteilern und gliedern den Garten.

Pergolen, Bogengänge oder Kletterpflanzen an einem Rankgerüst können ebenso wie Hecken den Garten gliedern. Sowohl Bogengänge als auch Pergolen bilden sogar eigenständige architektonische Elemente im Garten.

Formale Hecken

Eine Hecke von etwa 2 m Höhe teilt den Garten klar und weckt die Neugier. Ein ausgesparter Durchgang oder ein in die Hecke geschnittenes Fenster machen neugierig auf das, was sich dahinter verbirgt. Hohe Hecken können aber auch einen perfekten Hintergrund für Staudenbeete bilden. Halbhohe Hecken dagegen grenzen z. B. Sitzplätze ab. Niedere, bis zu 50 cm hohe Hecken, z. B. aus Buchs, rahmen Beete ein und betonen die Wegführung.

Bogengänge, Pergolen und Rankgerüste

Bogen- und Laubengänge bestehen aus zwei senkrechten Pfostenreihen aus Holz oder Metall, die oben durch Querbalken oder Streben miteinander verbunden sind. Beim Bogengang sind sie gebogen, beim Laubengang gerade. Damit sie wirken, benötigen Sie allerdings einen Garten mit entsprechender Größe und Tiefe. In kleinen Gärten kann aber schon ein einzelner oder doppelter Bogen eine ähnliche Wirkung erzeugen.

Als Pergola bezeichnet man eine rechteckige oder runde Konstruktion, die einen Platz überdeckt. Sie kann – ebenso wie ein Rankgerüst – einseitig auch an einem Gebäude aufliegen. Bogengänge und Pergolen sollten immer breit und hoch genug angelegt werden, damit man bequem durch sie hindurchgehen kann. Eine Kletterrose an einem zu engen Bogen wird nach einigen Jahren den Durchgang behindern. Eine zu niedrig gebaute Pergola wirkt bedrückend. Während bei Rankgerüsten die Flächen zwischen den Pfosten und Streben oft mit einem Holzgitter oder Flechtwerk gefüllt sind, sind die Felder zwischen den Streben der Pergola offen.

Auch Spalierobst kann in die Kategorie »Rankgerüste« eingeordnet werden, wenn es frei steht und deshalb wie ein Raumteiler wirkt.

Grüne Raumteiler

KURZINFORMATION

Geschickt eingesetzt, werden Hecken und in Form geschnittene Pflanzen zu architektonischen Gartenelementen.

OPTISCH VERKLEINERN

Lang gestreckte Gärten lassen sich durch quer gepflanzte Hecken in Räume teilen und optisch verkürzen. Ein Durchgang ermöglicht den Blick von einem Gartenende zum anderen.

KLARHEIT UND RUHE SCHAFFEN

Wiederholt sich ein bestimmter Formschnitt im Garten an verschiedenen Pflanzen, entsteht eine Atmosphäre der Ruhe. Wenn Sie dabei die Pflanzen im Hintergrund größer ziehen als die im Vordergrund wachsenden, können Sie auch auf diese Weise sehr lange Gärten optisch verkürzen. Schneiden Sie umgekehrt die Formen im hinteren Bereich kleiner, wirkt der Garten tiefer.

KLEINE GÄRTEN TEILEN

Vermeiden Sie hohe, wandartige Raumteiler in kleinen Gärten. Ein durchbrochenes Rankgerüst oder eine 1,5 m hohe Hecke erfüllt den gleichen Zweck. Auch ein Bogen als Durchgang gliedert, ohne zu trennen.

Formale Hecke als Hintergrund
Staudenrabatten wirken vor einem ruhigen Hintergrund intensiver. Als Kulisse kann eine schon vorhandene Mauer an der Grundstücksgrenze dienen, aber auch eine formal geschnittene Hecke kann diese Funktion erfüllen und einen klaren Kontrast zu den meist vielgestaltigen Staudenpflanzungen bilden. Soll die Hecke zusätzlich vor neugierigen Blicken schützen und damit der private Charakter des Gartens betont werden, sollte sie mindestens 2 m hoch sein. Für formale Hecken eignen sich sowohl Laub- als auch Nadelgehölze.

▶ Wie Sie eine dichte formale Hecke erziehen: Seite 93

Hecke mit Fenster
Teilt eine Hecke den Garten in zwei Bereiche oder bietet der Blick aus dem Garten eine interessante Perspektive, können Sie mit einem in die Hecke geschnittenen Fenster diesen Effekt betonen. Bei der Erziehung wird die Hecke für das Fenster in der vorgesehenen Breite niedrig gehalten. Die übrige Hecke erziehen Sie stufenweise höher. Fertigen Sie für das Fenster einen Rahmen aus Bambusstäben, den Sie unten und seitlich an der Hecke anbinden. Binden Sie an der Oberseite des Rahmens seitlich aus der Hecke wachsende Triebe fest, um die Lücke wieder zu schließen. Über dem Rahmen schneiden Sie die Hecke wieder durchgehend.

Hecken und Rankgerüste dienen im Garten als Hintergrund, Raumteiler oder Abgrenzung. Pflanzungen mit sich wiederholenden Formen bilden eine lockere Gartengrenze.

Formale Hecke als halbhoher Raumteiler

Wird ein kleiner Garten durch eine hohe formale Hecke geteilt, entsteht oft das Gefühl von Enge. Um einen kleinen Garten zu teilen, reichen bereits kleinere Hecken aus. Sie vermitteln das Gefühl verschiedener Räume genauso, ohne den »Weitblick« zu beeinträchtigen. Solche Hecken sollten max. 1,5 m hoch sein. Sie werden wie andere formale Hecken geschnitten und formiert (Seite 88 ff.). Um sie dauerhaft und klar in Form zu halten, schneiden Sie sie zwei- bis dreimal im Jahr. Für diese Art Raumteiler eignen sich Buche, Hainbuche, Liguster, Eibe und Buchs.

Rankgerüst als Abgrenzung

Um einen Garten nach außen möglichst Platz sparend abzugrenzen, eignen sich Rankgerüste. Im Gegensatz zu einer Pergola bestehen sie nur aus einer senkrechten Fläche. Verankern Sie das Gerüst stabil im Boden, damit es auch im bewachsenen Zustand stärkeren Winden standhält. Verwenden Sie stabile, 2–3 m hohe Kanthölzer. Damit das Gerüst harmonisch wirkt, sollten die Querverbindungen eines Rankgerüsts nicht dicker sein als die senkrechten Hölzer. In den Zwischenfeldern können z. B. Drähte oder Schnüre den Pflanzen Halt geben. Rankgitter sind auch im Handel erhältlich.

Gliedern durch Wiederholung

Wenn Sie Pflanzen einer Art mehrmals verwenden, erreichen Sie auch ohne formale Hecke eine Gliederung im Garten. Dafür eignen sich vor allem straff und säulenförmig wachsende Arten oder in Form geschnittene Pflanzen. Dazwischen gepflanzte füllige, aber niedrige Stauden verstärken diese Wirkung. Solche Bepflanzung mit sich wiederholenden Gehölzen oder Formen eignen sich auch als lockere, transparente Gartengrenze. Ebenso kann man einen Weg mit sich wiederholenden Formen, z. B. mit niedrigen Buchskegeln, hervorheben.

► **EXPERTENTIPP** Für formale Hecken wählt man Arten, die sich auch im Alter verjüngen lassen.

► Für Rankgerüste geeignete Kletterpflanzen: Seite 74 und 82–87

Bogengänge und Pergolen

KURZINFORMATION

Einige Tricks erleichtern den Schnitt an Rankgerüsten, Pergolen und Bogengängen. Auch sollten Sie schon bei der Konstruktion eines Bogengangs oder einer Pergola unbedingt die Notwendigkeiten für die spätere Pflege im Auge behalten.

VON INNEN SCHNEIDEN

Wenn die Abstände zwischen den einzelnen Gerüstelementen ausreichend Platz bieten, können Sie eine Leiter darunter stellen und von innen schneiden. Von Vorteil ist dabei, wenn Sie mit dem Oberkörper durch das Gerüst passen: Dann können Sie Ihr Werk jederzeit auch von außen betrachten, und Sie behalten den Überblick. Das erleichtert den Schnitt und spart Zeit.

VON AUSSEN SCHNEIDEN

Bei sehr dichten oder mit Kletterrosen bewachsenen Bogengängen oder Pergolen ist es mühsam, von innen nach außen zu arbeiten. In diesem Fall muss man von außen schneiden. Grundbedingung hierfür ist ein stabiles Gerüst, an das Sie sicher eine Leiter anlehnen können.

Bogengang mit Goldregen oder Hainbuche

Die Pflanzen an einem Bogengang werden wie eine Hecke in Etappen erzogen (Seite 92). Durch dieses schrittweise Vorgehen entwickeln sich die Pflanzen im senkrechten Bereich des Bogens sehr kompakt. Das ist wichtig, denn später verlagert sich der Wachstumsschwerpunkt auf die waagerechte Oberseite. Goldregen reagiert auf Winterschnitt empfindlich, schneiden Sie ihn deshalb nur im Sommer. Schneiden Sie zweimal pro Jahr, dann bleiben Form und Dichte erhalten.

Laubengang mit Rosen oder Blauregen

Kletterpflanzen an Bogengängen müssen nicht bis zum Boden dicht sein. Stattdessen kann auch eine Staudenrabatte als Sockelbepflanzung den Bogengang abrunden. Wählen Sie als Kletterrosen biegsame Sorten. Sie lassen sich leichter um die Stützen wickeln und besser anbinden (Seite 74/75). Blauregen erziehen Sie in Etappen, indem Sie die Haupttriebe jedes Jahr um 1 m verlängern. Die Blütentriebe schneiden Sie wie auf Seite 83 beschrieben. Am besten wirkt ein Bogengang aus Blauregen, wenn Blütentrauben frei herunterhängen. Dafür muss der Gang mindestens 2,5 m hoch sein.

▶ Erziehung und Probleme bei Blauregen: Seite 82/83

Lauben, Pergolen und frei stehende Bogengänge benötigen genug Platz im Garten. An das Haus gebaute Pergolen sollten im Stil mit dessen Architektur harmonieren.

Pergola aus mehreren Bäumen

Diese Art Pergola kommt im Alter ohne Gerüst aus, benötigt in der Jugend aber eine Stütze. Konstruieren Sie zuerst eine Metallkuppel und verankern Sie sie mit sechs Stäben im Boden. An jeden der Stäbe pflanzen Sie einen kleinwüchsigen Baum mit einer ein- bis zweijährigen Krone und einem mindestens 2 m hohen Stamm. Befestigen Sie die Haupttriebe fächerförmig an der Kuppel. Senkrechte oder nach außen wachsende Triebe schneiden Sie im Sommer drei- bis viermal auf zwei Blätter zurück. Im Winter entfernen Sie diese Triebe direkt am Gerüst. Für solche Pergolen eignen sich Mehlbeere (Foto), Felsenbirne und Kornelkirsche.

Pergola mit Efeu

Dank des immergrünen Efeus wird die Form dieser Pergola auch im Winter betont. Das Gerüst darf nicht aus Metall sein. Es erhitzt sich im Sommer zu stark und würde die Haftwurzeln absterben lassen. Verwenden Sie deshalb z. B. hartes Holz wie Robinie, die auch als »Akazie« bekannt ist. Dieses Holz hält ohne Anstrich 30 Jahre. Die Oberseite bauen Sie aus Latten. Sollten Sie stattdessen Drähte ziehen, müssen Sie die Triebe regelmäßig leiten und anbinden, damit eine gleichmäßige Pflanzendecke entsteht. Um das auf der Pergola lastende Gewicht zu reduzieren, schneiden Sie die Triebe alter Pflanzen zurück (Seite 84).

Terrassendach mit Wildem Wein

Wilder Wein kann mit wenigen Trieben auch in die zweite oder sogar dritte Hausetage hochgezogen werden, um dort ein Gerüst zu begrünen. Die Pflanze ist selbsthaftend, an Metallgerüsten würde sie nur leiden, und die jungen Triebe würden im Sommer verbrennen. Auf der Höhe, auf der Sie die Pflanzen wünschen, schneiden Sie den Haupttrieb die ersten zwei Jahre zurück, um Verzweigungen zu fördern. Achten Sie anschließend darauf, dass das Terrassendach gleichmäßig bedeckt wird. Überlange oder störende Triebe entfernen Sie. Oft sind die herabhängenden, sich im Wind bewegenden Schleppen aber sehr reizvoll.

► **EXPERTENTIPP** Balkone in oberen Etagen begrünt man mit rasch wüchsigen Kletterpflanzen.

In Form geschnittene Obstgehölze

Spalier als Raumteiler

Mit einem Obstspalier lassen sich luftige Abgrenzungen im Garten schaffen. Für diese strenge Erziehung, aber auch für die Stabilität des Gehölzes, ist ein externes Gerüst nötig, das zumeist aus Holz oder Metall besteht. Um die Pflanzen gut pflegen und schneiden zu können, muss der Zugang zum Gerüst frei sein, schließlich sind den Sommer über zwei bis drei Schnitte erforderlich. Spaliere sollten immer an sonnigen Plätzen stehen. Unterpflanzungen aus Stauden oder Sträuchern dürfen nicht in die Triebetagen wachsen. Für ein Spalier eignen sich vor allem Apfel- und Birnbäume auf schwach wachsenden Unterlagen (Seite 116/117).

Bogengang aus Spalierobst

Ein Bogengang aus Spalierobst besteht genau genommen aus zwei Spalierreihen, die sich am Bogenscheitel berühren. Um eine Tiefenwirkung zu erzielen, sollte der Gang mindestens 5 m lang sein. Pflanzen Sie die Obstgehölze in der Reihe mit 2 m Abstand. Erziehen Sie den einzelnen Spalierbaum so, dass die Queretagen einen Abstand von mindestens 80 cm haben. Dadurch können Sie zum einen beim Schnitt zwischen den einzelnen Segmenten durchsteigen, was die Arbeit stark erleichtert. Zum anderen zeichnen sich die Strukturen der Äste als Schatten im darunter liegenden Rasen reizvoll ab (Seite 118, Bogenspalier).

Spalier aus Weinrebe

Weinreben-Spaliere wachsen schneller und sind leichter zu erziehen als etwa ein Apfelspalier. Da bei Weinreben die Haupttriebe Jahrzehnte vital bleiben, können Sie sie bis zu 20 m lang ziehen (Seite 128).
Verlängern Sie die Haupttriebe jedes Jahr um 1 m, der entstehende Saftstau garantiert auf ganzer Länge der Triebe seitliche Fruchttriebe. Der Zuwachs ist anfangs noch biegsam und kann leicht an das Gerüst gebunden oder auch über Kanten oder als runde Kreisbögen gezogen werden. Vergreist einer der Haupttriebe, ziehen Sie einen in Bodennähe wachsenden Jungtrieb als Ersatz für ihn nach.

► Schnitt von Weinrebe: Seite 128

Als Spalier oder Baldachin gezogene Obstgehölze sind reizvolle Gestaltungselemente im Garten und liefern leckere Früchte.

Baldachin aus einem Apfelbaum
Ein Baldachin ist ein Spalier, das horizontal erzogen wird. Bei der Pflanzung sollte der Baum einen geraden, etwa 2–2,5 m hohen Stamm und eine einjährige Krone aufweisen. Für die Erziehung in den ersten fünf Jahren brauchen Sie ein Gerüst aus vier 2 m langen Bambusstäben. Diese befestigen Sie am Stamm in Kronenhöhe so, dass die Stäbe jeweils 1 m nach außen ragen. An diesen acht Stabhälften ziehen Sie wie bei einem Spalier acht Haupttriebe nach außen. Schneiden Sie diese und die seitlichen Fruchttriebe im Sommer zwei- bis dreimal (Seite 116/117). In der Kronenmitte muss man bei starkem Wuchs manchmal viermal schneiden.

Kiwi als Baldachin
Kiwi und Weinrebe lassen sich als Baldachin mit einem Stamm erziehen. Als Gerüst dient ein Pfahl, der 2–2,5 m aus dem Boden ragt. Am oberen Pfahlende befestigen Sie mittig drei 2 m lange Dachlatten. An den äußeren Enden der Latten wird ein Draht oder Metallreif entlanggeführt. Erziehen Sie den Stamm im ersten Jahr am Pfahl hoch, im nächsten Frühjahr schneiden Sie ihn auf Pfahlhöhe zurück. An den entstehenden Seitentrieben bilden sich Früchte. Kürzen Sie sehr lange Triebe im Sommer auf 1 m ein. Schneiden Sie im Frühjahr die Seitentriebe auf zwei bis drei Knospen zurück. So entsteht jeden Sommer ein neuer Baldachin.

Apfelkordon als Begrenzung
Ein Kordon ist ein einarmiges Spalier. Es wirkt wie eine gespannte Girlande. Im Beispiel erziehen Sie einen waagerechten Apfelkordon etwa 60 cm über dem Boden am Drahtgerüst (oben). Der Haupttrieb wird jedes Jahr um 60 cm verlängert, bis er 2 m lang ist. Die seitlich wachsenden Fruchttriebe schneiden Sie wie beschrieben zurück (Seite 116/117). In Stammnähe ist das Wachstum intensiver als am Ende des Haupttriebs. Dort muss man deshalb im Sommer (unten) dreimal schneiden. Mehrere Kordons in Reihe gepflanzt bilden eine Linie. Sie gliedern den Garten oder begrenzen ein Beet, ohne wie eine Wand zu wirken.

► Schnitt von Kiwi: Seite 129

Arbeitskalender

Deutscher Name *Botanischer Name*	Seiten	JAN	FEB	MAR	APR	MAI	JUN	JUL	AUG	SEP	OKT	NOV	DEZ
Apfel *Malus domestica*-Sorten	100/101, 112/113, 116/117												
Bartblume *Caryopteris × clandonensis*	44												
Ballhortensie, Tellerhortensie *Hydrangea macrophylla, H. serrata*	49												
Berberitze, Sauerdorn *Berberis*-Arten	50, 92, 94												
Besenginster, Geißklee *Cytisus*-Arten	49												
Birne *Pyrus communis*-Sorten	104/105, 114												
Blauregen *Wisteria*-Arten	83												
Blutjohannisbeere *Ribes sanguineum*	48												
Brombeeren *Rubus fruticosus*-Sorten	127												
Buchs *Buxus*-Arten	57, 93, 94/95												
Clematis, Frühjahrsblüher *C. montana, C. alpina, C. macropetala*	81												
Clematis, Frühsommerblüher *Clematis*-Hybriden	81												
Clematis, Sommerblüher *Clematis viticella, C. texensis*	81												
Deutzie, Maiblumenstrauch *Deutzia*-Arten	46												
Efeu *Hedera*-Arten	84												
Eibe *Taxus*-Arten	64, 92, 94												
Erika, sommerblühend *Erica*-Arten	44												
Erika, winterblühend *Erica carnea*	46												
Falscher Jasmin, Pfeifenstrauch *Philadelphus*-Arten	48												
Felsenbirne *Amelanchier*-Arten und -Sorten	51												
Flieder *Syringa vulgaris*	51												
Forsythie, Goldglöckchen *Forsythia × intermedia*	48												
Fünffingerstrauch *Potentilla fruticosa*	44												
Geißblatt *Lonicera*-Arten	46, 86												
Gewürzsalbei *Salvia officinalis*	44												
Hainbuche *Carpinus betulus*	92												
Hartriegel *Cornus*-Arten und -Sorten	50, 54/55, 140												
Heidekraut, Besenheide *Calluna vulgaris*	44												
Heidelbeeren *Vaccinium corymbosum*-Sorten	127												
Heiligenkraut *Santolina*-Arten	44												
Hibiskus *Hibiscus syriacus*	45												
Himbeeren, Frühsommer tragende *Rubus idaeus*-Sorten	126												
Himbeeren, Spätsommer tragende *Rubus idaeus*-Sorten	126												
Johanniskraut *Hypericum calycinum*	44												
Kirsche *Prunus avium*-Sorten	107, 115												
Kiwi *Actinidia chinensis, A. arguta*-Sorten	129												
Kletterhortensie *Hydrangea petiolaris*	87												
Kolkwitzie *Kolkwitzia amabilis*	48												
Kübelpflanzen	134/135												
Lavendel *Lavandula*-Arten	44												
Lorbeer-Kirsche *Prunus laurocerasus*	56												

Schnittzeit

Kernschnittzeit

Deutscher Name	Botanischer Name	Seiten	JAN	FEB	MAR	APR	MAI	JUN	JUL	AUG	SEP	OKT	NOV	DEZ
Mandelbäumchen	*Prunus triloba* 'Plena'	47												
Perückenstrauch	*Cotinus coggygria*	54												
Pfeifenwinde	*Aristolochia macrophylla*	85												
Pfirsich	*Prunus persica*-Sorten	110/111												
Quitten	*Cydonia oblonga*-Sorten	105												
Ranunkelstrauch	*Kerria japonica*	47												
Rhododendron	*Rhododendron*-Arten und -Sorten	57												
Rispenhortensie	*Hydrangea paniculata*	45												
Rispensommerflieder	*Buddleja alternifolia*	46												
Rosen, einmal blühende	*Rosa*-Arten und -Sorten	73, 75												
Rosen, öfter blühende	*Rosa*-Arten und -Sorten	70/71, 73, 75												
Rote Johannisbeeren	*Ribes rubrum*-Sorten	122/123, 125												
Säckelblume	*Ceanothus*-Hybriden	44												
Sauerkirsche	*Prunus cerasus*-Sorten	111												
Scheinquitte, Zierquitte	*Chaenomeles*-Arten	50												
Scheinzypresse	*Chamaecyparis*-Arten	65, 94												
Schlingknöterich	*Fallopia aubertii*	87												
Schneeball, sonstige	*Viburnum fragrans, V. carkesii* u. a.	50												
Schneeball, Gefüllter	*Viburnum opulus* 'Roseum'	49												
Schwarze Johannisbeere	*Ribes nigrum*-Sorten	123												
Sommerflieder	*Buddleja davidii*	45												
Spalierobst	alle Arten und Sorten	116/117, 118/119												
Spiräen, frühjahrsblühende	*Spiraea*-Arten und -Sorten	47												
Spiräen, sommerblühende	*Spiraea*-Arten	44												
Stachelbeeren	*Ribes uva-crispa*-Sorten	123, 125												
Stauden	die meisten Gattungen, Arten und Sorten	132/133												
Strauchartige Ahorn-Arten	*Acer palmatum, A. japonicum* u. a.	50												
Tanne/Fichte	*Abies- und Picea*-Arten	64/65												
Thuja	*Thuja*-Arten	59, 65, 92												
Trompetenwinde	*Campsis*-Arten	82												
Wacholder	*Juniperus*-Arten	58												
Walnuss	*Juglans regia* und Sorten	106												
Weiden	*Salix*-Arten	46, 54												
Weigelie	*Weigela*-Arten	48												
Weinrebe	*Vitis vinifera-Sorten* und *Vitis*-Hybriden	128												
Wilder Wein	*Parthenocissus*-Arten	85												
Winterjasmin	*Jasminum nudiflorum*	46, 86												
Zaubernuss	*Hamamelis*-Arten	50												
Zierapfel	*Malus*-Arten	50, 52/53												
Zierkirsche	*Prunus*-Arten	50												
Zwetschge, Pflaume, Mirabelle	*Prunus domestica*-Sorten	108, 115												

Erklärung der Fachausdrücke

Einige der im Text genannten Fachausdrücke sind nicht jedermann geläufig und werden daher hier erklärt.

Ableiten: siehe Umlenken
Alibitriebe: Triebe, die bei Blütensträuchern zwar nicht zur Blütenfülle beitragen, aber den Strauch locker und natürlich erscheinen lassen.
Astring: Verdickung an der Triebbasis. Wird der Astring beim Schnitt belassen, verheilt eine Wunde zügig.
Auf den Stock setzen: Bodenebener Rückschnitt aller Triebe, vor allem bei Wildgehölzen. Nur bei extrem vergreisten und dichten Gehölzen oder sehr extensiver Pflege anzuwenden.
Ausbrechen: Abbrechen noch grüner Triebe an der Triebbasis, vor allem Wildtriebe oder sich bildende Seitenverzweigungen im Hochsommer z. B. bei Weinrebe oder Blauregen.
Auslichten: Entfernen einzelner, in der Regel der ältesten Triebe bei Sträuchern, um sie zu verjüngen und Licht in das Strauchinnere gelangen zu lassen.
Besen: Starke, oft vergreisende Verzweigungen an den Triebenden. Sie schattieren das Kroneninnere.
Blattknospe: Knospe, aus der zuerst Blätter und in der Folge ein Neutrieb entstehen.
Blitzableiter: Junge Triebe, die nach einem Schnitt den entstehenden Saftdruck aufnehmen und dadurch übermäßig starkes Wachstum auffangen.
Blütenknospe: Knospe, aus der Blüten und später teilweise Früchte entstehen.
Bluten: An den Schnittstellen nach dem Frühjahrsschnitt austretender Saft.
Bodentrieb: Aus der Erde wachsender Jungtrieb bei Sträuchern. Weil er direkt der Wurzel entspringt, eignet er sich gut, um einen Strauch zu verjüngen.
Dickenwachstum: Zunahme des Durchmessers von verholzten Trieben, verursacht durch Zellteilung des Kambiums.
Diesjähriger Trieb: Trieb, der sich im Längenwachstum befindet und noch nicht verholzt ist.
Edelsorte: Oberirdischer Teil eines veredelten Gehölzes. Die Edelsorte liefert die gewünschten Blüten oder Früchte.
Einjähriger Trieb: Trieb, der nach einem Sommer sein Längenwachstum abgeschlossen hat und verholzt ist.
Einkürzen: Zurückschneiden von einjährigen, unverzweigten Trieben auf eine junge Knospe, um das Wachstum anzuregen.
Erhaltungsschnitt: Der Schnitt, der durchgeführt wird, nachdem das Gehölz seine Endgröße erreicht hat. Erhält die Blühwilligkeit oder Fruchtbarkeit und beugt deshalb dem natürlichen Alterungsprozess vor.
Erziehungsschnitt: Dient dem Aufbau eines Gerüstes, bis das Gehölz seine Endgröße erreicht hat.
Falscher Fruchttrieb: Blütentrieb z. B. beim Pfirsich, der ausschließlich an der Triebspitze eine Blattknospe zur Ernährung der Früchte besitzt.
Formschnitt: Regelmäßiges Schneiden von Gehölzen mit dem Ziel, architektonische oder fantasievolle Formen zu erhalten. Mehrmaliger Schnitt während der Wachstumsperiode nötig.
Fotosynthese: Bildung von Zucker und Stärke in den Blättern mithilfe von Lichtenergie, Kohlendioxid und Wasser.
Fruchttrieb: Seitentrieb, der bei Obstgehölzen zur Gewinnung von Früchten dient und keine Gerüstfunktion besitzt. Er wird, je nach Obstart, alle paar Jahre erneuert.
Gehölz: Mehrjährige, verholzende Pflanze, die ein Gerüst aus Ästen, bei baumartigen Gehölzen auch Stämmen aufbaut.
Gerüst: Der Stamm und die Äste, aus denen sich ein Gehölz oder ein Baum aufbaut; es trägt die Blüten- beziehungsweise die Fruchttriebe. Bäume und große Sträucher besitzen in der Regel ein lang lebendes Gerüst.
Gerüsttriebe: Mitteltrieb und mehrere Seitentriebe, die die Krone eines Baumes bilden. Bei Obstgehölzen werden die Gerüsttriebe während der Erziehung durch gezieltes Einkürzen gekräftigt, um die

Fruchtlast zu tragen. Gerüsttriebe werden nicht – wie etwa Fruchttriebe – regelmäßig erneuert.

Halbsträucher: Gehölze, die in mediterranen Breiten verholzen, in Mitteleuropa aber oft bis zur Erde zurückfrieren und deswegen ähnlich wie Stauden zurückgeschnitten werden.

Hippe: Messer mit gebogener Spitze zum Glätten von Wundrändern oder um Verletzungen auszuschneiden.

Kambium: Dünne Wachstumsschicht zwischen Rinde und Holzteil. Das Kambium produziert neues Gewebe und ist für das Dickenwachstum von Trieben und Wurzeln sowie für die Bildung von Wundgewebe verantwortlich.

Kappen: Einkürzen starker Äste mitten im Astverlauf ohne Rücksicht auf Seitentriebe oder Form. Es entstehen große Wunden, die oft Fäulnis und Pilzbefall zur Folge haben.

Knospe: Embryonale Sprossanlage, die jeweils in den Blattachseln sitzt. Sie wird in der Regel im Sommer gebildet und überwintert. Bei vielen Blütengehölzen erfolgt die Festlegung in Blüten- oder Triebknospen im Hochsommer.

Köpfe: siehe Besen

Konkurrenztrieb: Ein oder mehrere Austriebe, die direkt hinter dem Spitzentrieb wachsen. Sie sind oft ebenso stark wachsend wie der Spitzentrieb und machen ihm Konkurrenz.

Kopfbäume: Besondere Erziehungsform, bei der Neutriebe jährlich im Frühjahr auf das Astgerüst zurückgeschnitten werden. An den Schnittstellen entstehen dadurch wulstartige Verdickungen.

Kordon: Grundform eines Spaliers mit Hauptast und durch Schnitt kurz gehaltenen seitlichen Fruchttrieben. Von dieser Grundform gibt es viele verzweigte Varianten.

Krone: Oberirdischer Teil bei Sträuchern und Bäumen, die ein mehrjähriges Gerüst ausbilden.

Kübelpflanzen: Mehrjährige, meist im Freien nicht winterharte Gehölze.

Kurztrieb: Kurzer Trieb, der oft an der Triebspitze eine Blütenknospe besitzt.

Längenwachstum: Wachstum eines Triebes von Knospenaustrieb bis Wachstumsende im ersten Jahr. Erfolgt ausschließlich aus Knospen.

Langtrieb: Lange Triebe, die bei Frühjahrsblühern und einmal blühenden Rosen oft am reichsten blühen. Bei Bäumen sind sie meist unerwünscht, da sie Konkurrenztriebe zu den Gerüstästen bilden.

Immergrüne: Gehölze, die ihre Blätter oder Nadeln das ganze Jahr über oder mehrere Jahre behalten.

Mitteltrieb: Die Verlängerung des Stammes bei Bäumen oberhalb der ersten Seitenäste. Der Mitteltrieb ist Bestandteil des Gerüstes.

Pflanzschnitt: Der Schnitt unmittelbar nach der Pflanzung. Er gleicht einerseits den durch das Roden in der Baumschule entstandenen Wurzelverlust aus. Andererseits wird durch ihn die spätere Form des Gehölzes festgelegt.

Reißen: siehe Ausreißen

Rundkrone: Baumform, bei der neben dem Mitteltrieb mehrere gleichmäßig verteilte Seitenäste das Gerüst bilden.

Ruten: siehe Schösslingssträucher

Saftdruck: Druck, der im Frühjahr vor dem Austrieb den Saft aus den Wurzeln in die oberirdischen Teile des Gehölzes transportiert. Der Saftdruck strebt in der Pflanze, aber auch im einzelnen Trieb immer nach oben.

Schlafende Knospe: Kaum oder nicht sichtbare Knospen mehrjähriger Triebe, die erst bei einem Saftdruck an der betreffenden Stelle, z. B. durch Schnitt oder Verletzung, austreiben.

Schlitzast: Sehr steil wachsender Ast, der instabil mit dem Hauptast verwachsen ist.

Schösslingssträucher: Sträucher, die viele, aber kurzlebige Triebe aus dem Boden bilden.

Sommergrüne: Gehölze, die ihre Blätter im Herbst abwerfen und im folgenden Frühjahr neue entwickeln.

Sommerschnitt: Schnitt im belaubten Zustand der Pflanze bis Anfang September. Dient oft der Beruhigung des Wachstums; für Gehölze verträglich, da sie die Wunde sofort abschotten können.

Sorte: Auslese, die durch Veredeln oder Stecklinge weiter vermehrt wird. Die genetischen und äußeren Eigenschaften bleiben dadurch von Pflanze zu Pflanze identisch.
Spalier: Flächige Erziehung eines Gehölzes, das normalerweise eine runde Krone bildet, mithilfe eines Draht- oder Lattengerüstes.
Spindel: Erziehungsform für niedere Obstbäume, bei der das Gerüst aus einem Mitteltrieb besteht, von dem flache Fruchttriebe abzweigen.
Spitzenknospe: Knospe am Ende eines Triebes, die ohne Schnitt im folgenden Jahr die natürliche Verlängerung bildet.
Stamm: Senkrechtes Zwischenstück bei Bäumen zwischen Wurzel und den untersten Ästen.
Stauden: Mehrjährige Pflanzen, deren oberirdische Pflanzenteile meist krautig bleiben und im Winter absterben.
Steiltrieb: Senkrecht in die Höhe wachsender Trieb, in der Regel bei Gehölzen unerwünscht.
Trieb: Durch Längenwachstum aus einer Knospe sich bildende junge Äste.
Überwallen: Verschließen einer Wunde durch verstärkte Zellteilung des Kambiums und Überwachsen der Wunde von den Rändern her.
Umlenken: Verkleinern langer, verzweigter Triebe, indem auf einen tiefer wachsenden Seitentrieb zurückgeschnitten wird, der als neue Fortsetzung dient. Bei alten Gehölzen Rückschnitt zur Erde hängender Triebe auf schräg nach oben wachsende jüngere Triebe.
Unterlagen: Sie bilden den Wurzelstock bei veredelten Pflanzen, die Edelsorte das eigentliche, oberirdische Gehölz. Die Unterlage muss mit der Edelsorte nah verwandt sein, damit beide zusammenwachsen.
Veredlung: Ein Triebstück einer Edelsorte wird auf den Wurzelstock einer Unterlage aufgesetzt. Die beiden Kambien verbinden sich und stabilisieren die Veredlung. Veredeln und Stecklinge sind Vermehrungsmethoden, die die spezifischen Eigenschaften von Pflanzensorten hundertprozentig erhalten.
Vergreisung: Während des natürlichen Alterungsprozesses lassen Wachstum und Blühwilligkeit nach. Es bilden sich sehr starke Verzweigungen und nur noch kurze Jungtriebe.
Verjüngungsschnitt: Dient dazu, vergreiste Gehölze wieder zu revitalisieren und zu kräftigem neuem Wachstum anzuregen. Fällt erheblich stärker aus als ein Erhaltungsschnitt. Eine sorgfältige Nachpflege ist in den zwei Folgejahren nötig.
Verkahlen: Verzweigen sich in den oberen Gehölzbereichen Triebe mehr und mehr, gelangt kein Licht mehr in das Gehölzinnere. Triebe im inneren und unteren Bereich sterben ab, bei Sträuchern entstehen kaum noch Bodentriebe.
Verschlanken: Vereinzeln von Triebspitzen auf nur eine Fortsetzung zur Förderung einer ästhetischen Gestalt und des besseren Lichteinfalls in das Gehölzinnere.
Wahrer Fruchttrieb: Blütentrieb z. B. bei Pfirsich, der an den Knospenstellen zusätzlich zu den Blütenknospen jeweils eine Blattknospe besitzt.
Wildtrieb: Bei veredelten Gehölzen Austrieb des Wurzelstocks der Unterlage. Sie sollten entfernt werden.
Wintergrüne: Gehölze, die ihre Blätter den Winter über behalten und sie erst im Lauf des Frühjahrs während des Austriebs abwerfen.
Wurzelstock: Unterirdischer Teil einer Pflanze, der sie im Boden verankert und durch den sie Nährstoffe und Wasser aufnimmt.
Zapfen: Einkürzen von Trieben auf kurze Stummel, um das Eintrocknen der Wunde in den verbleibenden Ast zu verhindern und einen Neuaustrieb zu fördern. Eintrocknende Zapfen, vor allem bei Rosen, werden später entfernt.

Hilfreiche Adressen, Bücher und Zeitschriften

Schnittkurse
Schnittkurse veranstalten Gartenakademien, Volkshochschulen, Obst- und Gartenbauvereine sowie Kleingartenvereine. Informationen erhalten Sie außerdem bei den Beratungsstellen der Landwirtschaftskammern und Landratsämter. In größeren Städten können Sie sich auch an Ihre Garten- und Umweltämter wenden.
Vereine: www.gartenbauvereine.de

Fachverbände Baumschulen
Bund deutscher Baumschulen e.V.,
Kleine Präsidentenstraße 1,
10178 Berlin
www.gruen-ist-leben.de

Unternehmerverband Gärtner Schweiz,
JardinSuisse, Bahnhofstr. 94,
CH-5000 Aarau
www.jardinsuisse.ch

Bund Österreichischer Baum-Schul- und Staudengärtner,
Schauflergasse 6
A-1015 Wien
www.baumschulinfo.at

Fachverband der Baumpfleger
www.galabau.de
www.galabauverband.org

Fachverband Staudengärtner
www.stauden.de
www.jardinsuisse.ch
www.baumschulinfo.at

Kleingärtner- und Gartenbauvereine im Internet
www.gartenbauvereine.de
www.kleingartenbund.de

Pflanzengesellschaften
Österreichische Gartenbaugesellschaften mit Untergruppen
www.oegg.or.at

Gesellschaft der Staudenfreunde
www.gds-staudenfreunde.de
www.staudenfreunde.ch

Rosenfreunde
www.rosenfreunde.de

Fuchsiengesellschaft
www.deutsche-fuchsien-ges.de

Bewahrung alter Sorten
Pomologen-Verein e.V.,
Husumer Str.16, 20251 Hamburg
www.pomologen-verein.de

Weiterführende Literatur

Bärtels, A.: Clematis.
Eugen Ulmer Verlag, Stuttgart

Barlage, A., Goss, B., Schuster, T.: Quickfinder Gartenjahr, Gräfe und Unzer Verlag, München

Breier, C.: Einfach schöne Beete, Gräfe und Unzer Verlag, München

Haas, H.: Pflanzenschnitt, Das große GU Praxishandbuch, Gräfe und Unzer Verlag, München

Haas, H.: Obstgehölze schneiden, Gräfe und Unzer Verlag, München

Simon H.: Gärten gestalten, Gräfe und Unzer Verlag, München

Zeitschriften
GartenFlora
Deutscher Bauern-Verlag
Wilhelmsaue 37
10713 Berlin

Gartenpraxis, Eugen Ulmer Verlag,
Wollgrasweg 41
70599 Stuttgart

Kraut und Rüben, DLV GmbH
Lothstr 29
80797 München

Mein schöner Garten,
Burda Verlag,
Hubert-Burda-Platz 1
77652 Offenburg

Garten, Zeitschrift der Österreichischen Gartenbaugesellschaft
Siebeckstr. 14
A-1220 Wien

Schweizer Garten, Seftigenstr. 310,
CH- 3084 Wabern

Arten- und Sachregister

Die halbfett gesetzten Seitenzahlen verweisen auf Farbfotos und Farbzeichnungen.

Der Autor

Hansjörg Haas studierte nach seiner Ausbildung zum Gärtner an der TU München-Weihenstephan Gartenbauwissenschaften. Seit 1992 ist er Fachberater für Obst, Gartenbau und Landespflege. Er gibt Praxiskurse und hält Vorträge. Daneben öffnet er seinen Garten, veranstaltet Gartenreisen und ist Autor von mehreren Schnittratgebern.
Weitere Informationen:

www.herrenmuehle-bleichheim.de

Die Fotografen

Alle Fotos von Haas mit Ausnahme von: Borstell: 38, 94, 119 re., 120, 140 re., 145 li.; FloraPress/Visions: 76; GAP Photos/Annette Lepple: 4/5; GBA/Didillon: 130; GBA/Noun: 88; GBA/Perder: 150 li.; Holzförster: 62 mi., 70, 145 mi.; Himmelhuber: 52 li.; Jahreiß: 40; Volker Michael: 136/137; 146; Nickig: 36, 84, 133 mi.; Pforr: 24, 26, 141 li.; Redeleit: 60, 69 li., 85 li.; Reinhard: 6, 8/9, 27, 68 re., 79, 80 li., 118 re., 141 re., 143 li., 150 re., 151 li., 151 mi.; Sammer: 14; Schneider/Will: 10, 133 re., 138, 145 re., 149 li., 152 li.; Strauß: 41, 121, 132 re., 149 mi.; Thinschmidt/Papouschek: 72.

Illustrationen (Cover und Innenteil) von Heidi Janiček

Syndication:
www.seasons.agency

Wichtige Hinweise

- Einige der beschriebenen Pflanzen tragen Dornen/Stacheln oder sind hautreizend. Tragen Sie beim Schnitt dieser Pflanzen immer Handschuhe!
- Leitern müssen immer stabil stehen.
- Tragen Sie bei der Arbeit mit Scheren, Sägen oder Heckenscheren Handschuhe.
- Führen Sie Kabel immer hinter Ihrem Rücken.
- Suchen Sie bei Verletzungen umgehend einen Arzt auf, oder rufen Sie die Notrufnummer 112 an. Eventuell muss genäht werden, und/oder es ist eine Tetanusimpfung nötig.
- Halten Sie Kinder bei Schneidarbeiten fern.
- Bewahren Sie Schneidgeräte für Kinder unzugänglich auf.
- Arbeiten Sie nicht mit rostigen, unscharfen Schneidgeräten – Verletzungsgefahr!

Dank

Ein besonderer Dank gilt Dr. Thomas Mayr, Dresden, und Gertraud Herrmann, Würzburg. Sie haben das Manuskript sorgfältig Korrektur gelesen und Verbesserungen der Sprache sowie des Verständnisses eingebracht. Ihre Unterstützung hat das Entstehen dieses Buches in der vorliegenden Form ermöglicht.
Alois Leute, Basel, danke ich für das Durchlesen des Manuskripts und seine fachlichen Anregungen.
Für die Hilfe bei der Produktion der Praxisfotos bedanke ich mich bei Angelika Linz, Prebitz, Christian Haas, Freiamt, und Michael Schaudt, Herbolzheim.

Impressum

Aktualisierte Neuausgabe des Titels »Pflanzenschnitt«, 2004, ISBN 978-3-7742-6393-2

Redaktion: Angelika Holdau, Elke Sieferer
Lektorat: Barbara Kiesewetter
Bildredaktion: Renate Wiener, Ute Rather
Umschlaggestaltung: kral&kral design, München
Layout: kral&kral design, München
Herstellung: Susanne Fuhrmann
Satz und Repro: Longo AG, Bozen

QUALITÄTS G|U GARANTIE

LIEBE LESERINNEN UND LESER,
wir wollen Ihnen mit diesem Buch Informationen und Anregungen geben, um Ihnen das Leben zu erleichtern oder Sie zu inspirieren, Neues auszuprobieren. Wir achten bei der Erstellung unserer Bücher auf Aktualität und stellen höchste Ansprüche an Inhalt und Gestaltung. Alle Anleitungen und Rezepte werden von unseren Autoren, jeweils Experten auf ihren Gebieten, gewissenhaft erstellt und von unseren Redakteur*innen mit größter Sorgfalt ausgewählt und geprüft.
Haben wir Ihre Erwartungen erfüllt? Sind Sie mit diesem Buch und seinen Inhalten zufrieden? Wir freuen uns auf Ihre Rückmeldung. Und wir freuen uns, wenn Sie diesen Titel weiterempfehlen, in Ihrem Freundeskreis oder bei Ihrem Online-Kauf.
Sollten wir Ihre Erwartungen so gar nicht erfüllt haben, tauschen wir Ihnen Ihr Buch jederzeit gegen ein gleichwertiges zum gleichen oder ähnlichen Thema um.

KONTAKT ZUM LESERSERVICE
GRÄFE UND UNZER VERLAG
Grillparzerstraße 8
81675 München
www.gu.de

Druck: aprinta, Wemding
Bindung: Conzella, Pfarrkirchen
Printed in Germany

ISBN 978-3-8338-6352-3

12. Auflage 2025

Umwelthinweis:
Nachhaltigkeit ist uns sehr wichtig. Der Rohstoff Papier ist in der Buchproduktion hierfür von entscheidender Bedeutung. Daher ist dieses Buch auf PEFC-zertifiziertem Papier gedruckt. PEFC garantiert, dass ökologische, soziale und ökonomische Aspekte in der Verarbeitungskette unabhängig überwacht werden und lückenlos nachvollziehbar sind.